休み時間の生物学

朝倉幹晴
Mikiharu Asakura

講談社サイエンティフィク

［ブックデザイン］
安田あたる

［カバーイラスト］
Martine

［本文イラスト］
Martine・MEDICA

はじめに

　私は農学部を卒業後、10数年、駿台予備学校とりわけ市谷校（医学部受験専門校舎）で生物を教えてきました。もともと「環境・生態系」畑の私が「人体・生理」を学び、それらを総合して教えることになりました。予備校生の多くは生物学の初学者です。授業では、初歩からはじめ、生物学と現実の医療との接点の話までしていくために模索と工夫を続けてきました。

　そんな折、講談社サイエンティフィクの中林仁美さんからお話をいただき、本書を書く機会が与えられたわけです。

　新聞紙上には毎週のように「遺伝子・生命倫理」といった話題が出ます。病気になれば体を否応なく意識しますし、もちろん健康な時の活動も生命現象です（この文を読むのも眼・脳の働き！）。道端の草花・毎日の食事・空気中を浮遊する微生物たち、あなたの腸内細菌たち・・・私たちの周りは生物に満ちあふれています。それらのあらゆる生物・生命現象を様々な角度から扱うのが生物学（biology）です。

　本書は「細胞」から「生態系・進化」に至る10章構成で「生物学の骨組み」がわかるようにしました。とりわけ、医学部受験生クラスを受け持ち、その後船橋市議として医療行政への調査・提言に関わっている経験から、「ヒトの体・医療」に関する視点を全体に貫かせていただきました。

　出版を応援してくれた妻と子、船橋のPTA仲間のお母さん方、医療分野にご意見をいただいた友人の医師や行政関係者、切磋琢磨させていただいた予備校関係者、さらには命の尊さを教えていただいた全ての方々と生物たちに感謝いたします。そして、私の授業方針と人生に大きな影響を与えてくれた市谷校の元生徒、故山本裕美医師にこの本を捧げたいと思います。

　本書を、医歯薬看護系・獣医系、また環境・生物系の学生とその進路を目指す高校生・受験生、さらには一般の方々の入門書として気軽にお読み

いただき、生物学に親しんでいただければ幸いです。

　最後に、ご親切に温かくご指導とご尽力をいただきました講談社サイエンティフィクの三浦洋一郎さんと関係の方々に心から御礼申し上げます。

2008年10月

朝倉幹晴

参考にさせていただいた書名を下記に記します。

- 標準生理学：小澤瀞司・福田康一郎・本間研一・大森治紀・大橋俊夫編集、医学書院、2005年
- 細胞の分子生物学：ブルース・アルバートら（中村桂子ら訳）、ニュートンプレス、2004年
- 疾病の成立と回復促進：薄井担子・竹中文良・川島みどり、放送大学教育振興会、2001年
- 人体の構造と機能：黒川清・菱沼典子・北村聖、放送大学教育振興会、2001年
- 発生学アトラス：ウルリッヒ・ドレーブス（塩田浩平訳）、文光堂、1997年
- 新しい産科学：鈴森薫・吉村泰典・堤治、名古屋大学出版会、2002年
- 新・図と表でみる生物：吉田邦久、駿台文庫、1994年
- シリーズ進化学1〜7：石川統・斎藤成・佐藤矩行・長谷川眞理子編、岩波書店、2004年
- 生命と地球の共進化：川上紳一、日本放送出版協会、2000年
- 操作される生命‐科学的言説の政治学：林真理、NTT出版、2002年
- 新しい植物生命科学：大森正之・渡辺雄一郎編著、講談社サイエンティフィク、2001年
- 図説発生生物学：石原勝敏編著、丸善株式会社、1989年
- 生物学辞典：八杉龍一・小関治男・古谷雅樹・日高敏隆編集、岩波書店、1996年
- 標準分子医科学：藤田道也編集、医学書院、1997年
- サンゴ礁と海の生き物たち：中村庸夫、誠光堂新光社、2006年
- 看護覚え書：ナイチンゲール（湯槇ますら訳）、現代社、2001年
- 脳が考える脳：柳澤桂子、講談社、1995年

休み時間の生物学
contents

はじめに　iii

序章
小さな世界から大きな世界まで　01

Stage 01　生物の階層構造　02
Stage 02　大きな世界　04
Stage 03　小さな世界　06
● column　発熱はあなた自身のため　08

Chapter 1
細胞からみる生物の全体像　09

Stage 04　生物の基本単位、細胞　10
Stage 05　細胞の大先輩、原核細胞　12
Stage 06　細胞小器官の活躍　14
Stage 07　細胞膜は脂質二重層　16
Stage 08　膜輸送　18
練習問題　20

Chapter 2
情報処理の細胞たち 21

Stage 09　中枢神経系　22
Stage 10　大脳を眠らせる脳幹　24
Stage 11　時計をもった脳幹　26
Stage 12　体をつくる4つの組織　28
Stage 13　眼の構造とはたらき　30
Stage 14　視神経〜眼から脳へ〜　32
Stage 15　耳〜聴覚のしくみ〜　34
Stage 16　口と鼻　36
Stage 17　神経の興奮〜伝導と伝達〜　38
Stage 18　神経の跳躍伝導　40
Stage 19　筋肉　42
練習問題　44

Chapter 3
血液循環〜各駅停車の旅 45

Stage 20　血液　46
Stage 21　血管　48
Stage 22　血液凝固と線溶　50
Stage 23　結合組織と骨　52
Stage 24　心臓　54
Stage 25　肺　56
Stage 26　消化管　58
Stage 27　肝臓　60
Stage 28　間脳視床下部と自律神経　62

Stage 29　内分泌腺（ホルモン）　64
Stage 30　膵臓と血糖量調節　66
Stage 31　インスリンのはたらきと糖尿病　68
Stage 32　リンパ節　70
Stage 33　腎臓　72
● column　人間ドックデータをみてみよう　74
練習問題　75

Chapter 4
いのちを支える分子たち　77

Stage 34　生体を構成する物質　78
Stage 35　タンパク質が体をつくる　80
Stage 36　タンパク質の構造　82
Stage 37　酵素〜分子たちの仲人〜　84
Stage 38　酵素の性質　86
Stage 39　代謝とは？〜同化と異化〜　88
Stage 40　好気呼吸とATPのはたらき　90
Stage 41　好気呼吸（1）　92
Stage 42　好気呼吸（2）　94
Stage 43　嫌気呼吸　96
● column　熱を生みだすミトコンドリア　98
練習問題　99

Chapter 5
細胞分裂と生殖　101

Stage 44　無性生殖と有性生殖　102

Stage 45　細胞分裂のしくみ　104
Stage 46　ヒトの染色体とDNA　106
Stage 47　体細胞分裂のしくみ　108
Stage 48　減数分裂のしくみ　110
Stage 49　減数分裂が生みだす遺伝子の多様性　112
Stage 50　細胞周期制御と癌　114
練習問題　116

Chapter 6
遺伝のしくみ 117

Stage 51　メンデルの法則　118
Stage 52　血液型で遺伝を理解しよう　120
Stage 53　ABO式・Rh式血液型の遺伝　122
Stage 54　遺伝疾患の分類　124
● column　代謝性疾患　127
Stage 55　伴性遺伝　128
Stage 56　連鎖と染色体異常　130
練習問題　132

Chapter 7
発生 133

Stage 57　祖母の体の中ではじまっていた？あなたの命　134
Stage 58　卵と精子の成熟　136
Stage 59　受精　138
Stage 60　胎児と胚膜　140
◆ Level Up　不妊治療と遺伝子診断　142

- column　余剰凍結受精卵と ES 細胞　143
- Stage 61　発生総論　144
- Stage 62　カエルの発生　146
- Stage 63　母性因子と誘導物質　148
- column　アポトーシス　150
- column　ヒトの赤ちゃんは生理的早産　151
- 練習問題　152

Chapter 8
遺伝子のはたらき　153

- Stage 64　遺伝用語の基礎知識　154
- Stage 65　DNA・RNA の構造　156
- Stage 66　DNA の複製　158
- Stage 67　遺伝子発現のしくみ　160
- Stage 68　3 塩基でアミノ酸を決定する　162
- Stage 69　翻訳の流れ　164
- Stage 70　翻訳後の流れ　166
- Stage 71　遺伝子突然変異のしくみ　168
- Stage 72　真核生物と原核生物のゲノム比較　170
- Stage 73　遺伝子研究の歴史　172
- column　遺伝子組換えによる医薬品生産　174
- 練習問題　175

Chapter 9
生態系と植物　177

- Stage 74　生態系の物質循環　178

Stage 75　光合成　180
Stage 76　窒素同化・窒素固定・脱窒　182
Stage 77　イネの一生と植物ホルモン　184
Stage 78　花が咲くのは？　186
Stage 79　共生が育む生態系　188
練習問題　190

Chapter 10
生物進化 191

Stage 80　ダーウインの自然選択説　192
●column　木村資生の中立説　195
Stage 81　五界説と40億年進化　196
Stage 82　化学進化から最初の生物へ　198
Stage 83　ラン藻が酸素を生みだす　200
Stage 84　カンブリア爆発と生物の陸上進出　202
Stage 85　ほ乳類・霊長類の出現　204
Stage 86　ヒトの進化と私たちの未来　206
練習問題　208

索引　209

☐生物の階層構造
☐大きな世界
☐小さな世界

序章
小さな世界から大きな世界まで

　Biology（生物学）のbioはギリシャ語の生命（βιος、bios）が起源で、vitality（活力・生命力）の語源であるラテン語のvitaも同じ語源です。生物の活力は顕微鏡レベルの小さな世界から、地球の大自然までに満ち満ちていて、そのすべてが生物学の対象です。まずは小さな世界から大きな世界まで旅をしてみましょう。

序章 | 小さな世界から大きな世界まで

Stage 01 生物の階層構造
地球から分子まで思いをはせる生物学

　生物学の対象は、原子・分子という小さな世界から地球環境全体という大きな世界まで広がっています。生物学の各章に入る前に、生物学の広さを垣間みてみましょう。

大きな世界へ

　あなたが農村に住んでいるとしましょう。あなたを含む村の人々を「(ヒトの)個体群」といいます。農村にはヒトだけが住んでいるのではありません。田畑(イネ・栽培植物)・鶏・牛・土壌微生物など他の生物もいて生物群集を形成し、さらに空気・水などのさまざまな環境も含めて生態系を構成しています。地球表面や大気圏・海には多くの生態系がありますが、生態系が成り立つ生物が生存可能な範囲を生物圏といいます。その生物圏に加え、地球の中心(核)や大気圏よりさらに上層の熱圏も含めて地球です。

小さな世界へ

　ご飯を食べたとき、ご飯が通る道が消化器官系で、その最初の袋が胃です。胃液や粘液をだしているのは胃の上皮組織であり、その中に大きさ数十μm(mmの1/1000)ほどの直径の、まるい形の細胞があります。細胞の中をさらにみていくと、細胞にエネルギーを与えているミトコンドリアという小さな器官があり、さらにその中には酸素と結合するシトクロムというタンパク質があります。そのシトクロムの中には鉄原子があります。

　生物の世界は、小さな世界から大きな世界まで、さまざまな階層の構造が積み重なってできています。こうした考え方を階層構造といいます。

図1. 小さな世界から大きな世界まで

nm	アミノ酸分子（1 nm）　DNAの太さ（2 nm）
	細胞膜の厚さ（10 nm）
	インフルエンザウイルス（100 nm）　光学顕微鏡の解像力（200 nm）
μm	大腸菌・ミトコンドリア（2 μm）　葉緑体（5 μm）　赤血球（8 μm）
	細胞（数十 μm）
	ウニ卵（100 μm）　ヒト卵（140 μm）　ゾウリムシ（200 μm）
mm	カエル卵（2〜3 mm）
	ダンゴムシ（10 mm）
	カブトムシ（100 mm）
m	ヒト（1.5 m）　ゾウ（体長6 m、高さ3 m）
	シロナガスクジラ（30 m）　熱帯林の高木（60 m）
km	
	東京—伊豆間（100 km）
Mm	アマゾン川の長さ・地球の半径（6.5 Mm）　地球の円周（40 Mm）

注：M（メガ）m は普通使わず km で表示しますが、単位をイメージできるようにあえて使用しました。

3桁ごとの単位記号

　大きな世界から小さな世界まで理解するためには、数値の単位の理解が不可欠です。日本の「万、億、兆」という4桁ごとの表記は国際的には一般的でなく、3桁ごとの単位記号を使います。

表1. 単位記号

	T（テラ）	G（ギガ）	M（メガ）	k（キロ）
大きな数	10^{12}	10^{9}	10^{6}	10^{3}
	（1兆）	（10億）	（100万）	（1000）
	m（ミリ）	μ（マイクロ）	n（ナノ）	p（ピコ）
小さな数	10^{-3}	10^{-6}	10^{-9}	10^{-12}
	（1000分の1）	（100万分の1）	（10億分の1）	（1兆分の1）

POINT 01

◆生物学の世界は、小さな世界から大きな世界までさまざまな階層構造で成り立っている

序章　小さな世界から大きな世界まで

Stage 02 大きな世界
アマゾンの大自然

乾季（5〜11月）から雨季（11月〜5月）へ

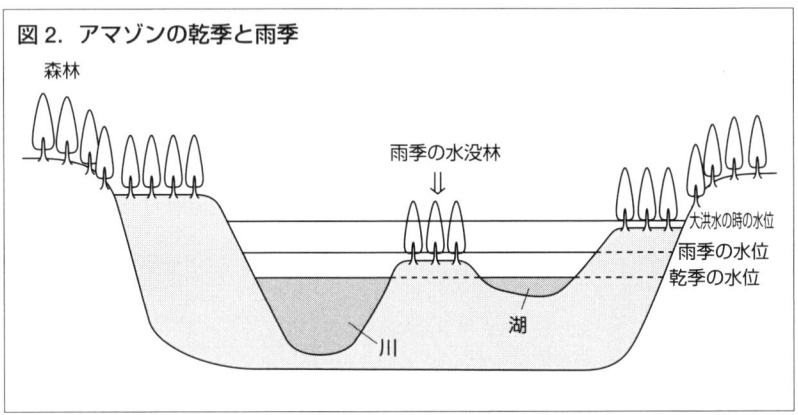

図2. アマゾンの乾季と雨季

　アマゾンの熱帯林と河川の境界線は、その水源となるブラジル高原などの雨季と乾季で大幅に変わります。11月、大西洋から水蒸気を大量に含んだ風が南アメリカに吹いてきます。その風がアンデス山脈にあたると水蒸気が凝結して雨となります。これがしだいにアマゾンの川を増水させていきます。その増水は、場所によっては15mにも及びます。日本の小学校はおおよそ15mぐらいの高さですが、それがすっぽり沈む深さです。実際に沈むのは、乾季に水が少なくなったアマゾン川の水際まであった熱帯林です。

　熱帯林が水没すると、乾季にそこで生活していたジャガーなどのほ乳類はより高い土地に移動します。ナマケモノは木の高いところまで逃げます。

　樹木自体は、空気を吸い込むことができる呼吸根が水面上にあり、雨季の間はそこから空気を吸い込んで根に送るので、根も酸素不足になることはありません。一番困るのは樹木に生活していた昆虫です。昆虫は樹木の

上に逃れようとしますが、仲間どうしの競争が激しく、落とされたりします。その落ちた昆虫を食べることによって魚類が増え、水没林は「魚類の天国」になります。

雨季から乾季へ

数ヶ月すると乾季となり、水没林はしだいに水位を下げます。すると、森のあちらこちらに閉じた池が生じます。その閉じた池では少なくなった水に多数の魚が取り残され、酸欠となって死んでいきます（一部の魚（肺魚）は肺で呼吸することができ、乾季にも耐えます）。今度はその魚を鳥が食べ、鳥類の天国となります。ジャガーなどのほ乳類は高い場所から戻ってきて、また、雨季を生きのびた昆虫も増えはじめ、ほ乳類と昆虫の天国が復活します。

アンデス山脈がもたらす雨

アマゾンに豊かな雨季をもたらすアンデス山脈は、約2000万年前に、太平洋の中央の海底で吹きあがったマントル（流動性の岩石）の動きで左右に広がってきた海底が、南アメリカ大陸にぶつかって盛り上がってできたものです。アンデス山脈だけでなく、ロッキー山脈や日本の山もこうしてできたと考えられ、これらを含む一帯を環太平洋火山帯といいます。地球内部のエネルギーによるアンデス山脈の形成と、太陽光による大西洋の空気の蒸発が合わさって、アマゾン独特の生態系ができたわけです。

POINT 02

◆雨季と乾季で変わるアマゾンの生物相

序章　小さな世界から大きな世界まで

Stage 03　小さな世界

変幻自在！　インフルエンザウイルス

　次に小さな世界を考えてみましょう。あなたはインフルエンザにかかって寝込んだことがありますか？　その主役であるインフルエンザウイルスの大きさは直径100 nmです。それが、ヒトの気道上皮細胞（数十 μm）に侵入します。細胞をヒト（2 m）の大きさにたとえると、インフルエンザウイルスの大きさはパチンコ玉1個（1 cm）です。そんなに小さいのに、なぜヒトを寝込ませる力があるのでしょうか？

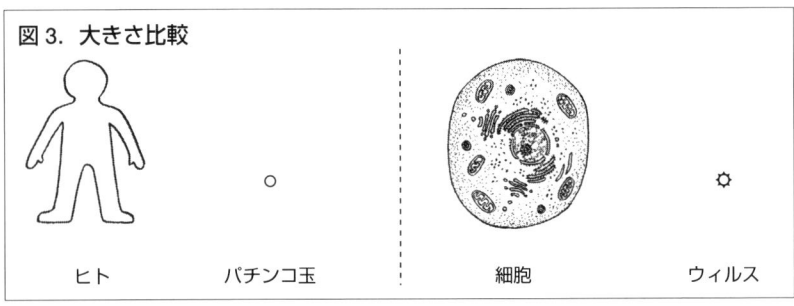

図3. 大きさ比較

1日で1個が100万個になる増殖力

　インフルエンザウイルスは、1個でも細胞に侵入するとすさまじい速さで増殖します。たとえばあるウイルスは、約8時間に100個複製されて細胞から脱出します。その100個がまた細胞に感染・複製・脱出してそれぞれが100個になることで、16時間で合計1万個、24時間で100万個にもなります（健康状態などによって増殖スピードは若干異なる）。これでは体の免疫力が弱ったヒトは負けて発病してしまいます。1回のくしゃみで数万個が空気中に排出され、他のヒトに感染します。冬の感染ピークでは、わずか3ヶ月の間に人口の1％強にもなる150万人が感染・発病することがあります。

ウイルスの侵入、コピー、脱出

ウイルスは、細胞に突起（栗のイガのような部分）の部分を使ってはりつき、侵入します。そして細胞内の物質合成のはたらきを乗っ取り、自分の遺伝子や膜（エンベロープ）をコピー（複製）することでウイルスを増やし脱出します。ウイルスは多くの生物と異なり、単独では増殖することはできませんが、他の細胞に寄生することで増殖するのです。

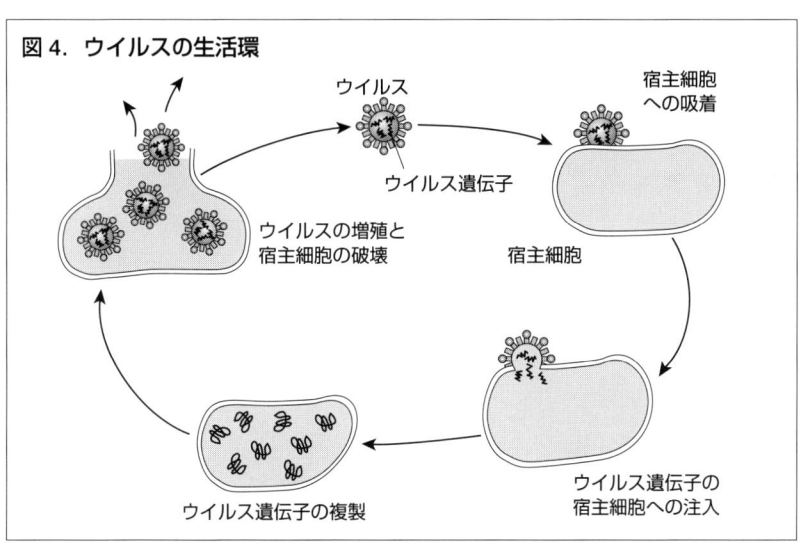

図4．ウイルスの生活環

毎年変身〜「変わり身」の早さ

ヒトには一度感染した病原体の表面の物質を記憶し、二度は感染しない免疫というシステムがあります。しかし、インフルエンザウイルスの遺伝子（RNA）は変異が早く、感染の道具である突起（栗のイガ）のタイプは毎年少しずつ変化します。そのため、ヒトの免疫系が防御しきれず、毎年感染がくり返されるわけです。それでも毎年の変化は少ないので、発病者は1％程度にとどまっています。

POINT 03

◆ウイルスは単独では増殖できず、他の細胞に寄生して増殖する

序章　小さな世界から大きな世界まで

発熱はあなた自身のため

　病気になると発熱するのは、細菌・ウイルス自身が発熱するわけではありません。細菌・ウイルス由来の毒素や、細菌・ウイルスの侵入を感知し、白血球のだす物質が脳の体温調節中枢にはたらきかけて体温を上昇させるのです。白血球などは高熱のほうが活性化され、細菌やウイルスと戦いやすい性質があります。また、発熱して寝込むことによって無駄な体力の消耗を防ぎ、細菌・ウイルスとの戦いに集中できます。

　白血球が多くのウイルスを撃退したころになると、今度は脳の体温調節中枢からの指令によって平熱にもどり、汗をかいて解熱します。細菌・ウイルス・白血球のだす物質が、あなたの体温設定に大きな影響を与えているのです。

　私たちの発熱は自己治癒の過程ということができます。したがって体力のある人が安易に解熱剤に頼ることは逆効果になることもあります。体の自己治癒力と薬とのバランスが大切ですね。

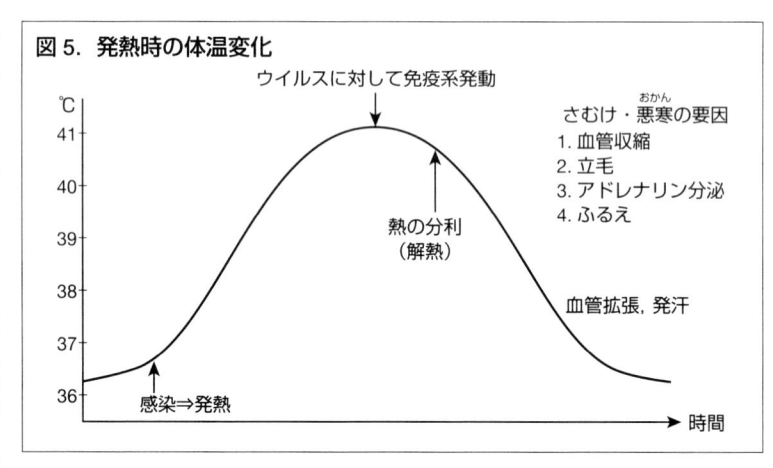

図5. 発熱時の体温変化

□生物の基本単位、細胞
□細胞の大先輩、原核細胞
□細胞小器官の活躍
□細胞膜は脂質二重層
□膜輸送

Chapter 1
細胞からみる生物の全体像

　生物の最小単位は細胞であなたの体も60兆個の細胞の集まりです。多細胞生物では、それぞれの細胞は役割分担（分化）をして協力しあっています。まず生物の基本単位「細胞」をみてみましょう。

Chapter 1　細胞からみる生物の全体像

Stage 04 生物の基本単位、細胞
あなたの体は60兆個の細胞の集まり

　すべての生物体は、顕微鏡でみると小さな袋のようなものが集合してできています。この袋のことを細胞 cell といいます。ゾウリムシ・アメーバなどのように1個の細胞で生きているものを単細胞生物といい、ヒトのように複数の細胞でできているものを多細胞生物といいます。どちらも1つ1つの細胞が生物の基本単位となっています。あなたの体の中では、60兆個の細胞が役割分担しながら1つの生命をつくっているのです。

　また、細胞は血液・組織液・リンパ液などの体液に浸っています。魚が海の中で生きているように、細胞も体液の中で生きているのです。

図6. 体の細胞

生物とは何か？

　一般的に生物は、

1. **単独で自己増殖する**
2. **代謝を行う**（外の世界と物質・エネルギーのやりとりを行う）

という2つの性質をもちます。細胞の中にあるゴルジ体や核などの細胞小器官（→ Stage 06）は1・2両方を行うことができませんが、細胞は必要な栄養を含む培養液の中ならば増殖させることができます。

　多細胞生物では、それぞれの細胞が、栄養摂取（小腸の細胞）、排出（腎臓の細胞）など役割分担をして全体の機能バランスを保っています。

また、細胞が役割分担するように増殖していくことを分化とよびます。

さまざまな細胞〜ゾウリムシと細胞性粘菌

単細胞生物を「単細胞」とバカにしてはいけません。単細胞生物は「一人で何もかもこなす超人」です。図のようにゾウリムシには、細胞1つの中に、消化管・腎臓・筋肉・生殖器のようなはたらきをするものがすべてそろっているのです。

また、単細胞と多細胞の両方の生き方をしている不思議な生き物もいます。森林の地表にある落ち葉や朽木に、細胞性粘菌という不思議な生き物がいます。餌である細菌が減ると細胞が集合し、ナメクジ状の多細胞の移動体になり、やがて柄と胞子に分化した子実体というカビのような状態になります。胞子が発芽するとアメーバになります。単細胞と多細胞の状態を交互にくり返し、多細胞化すると分化をはじめるという不思議な生き物です。現在の多細胞生物も、もともとは単細胞生物が集合して分化し、進化してきたと考えられています。

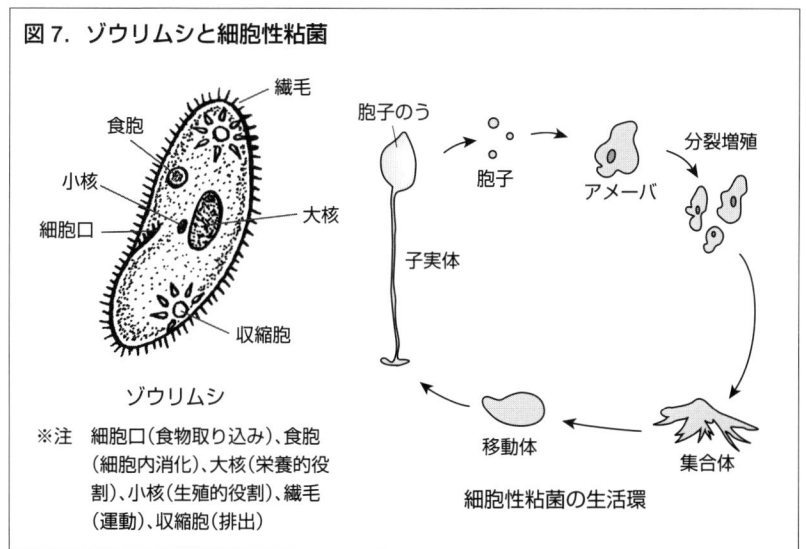

図7. ゾウリムシと細胞性粘菌

※注　細胞口(食物取り込み)、食胞(細胞内消化)、大核(栄養的役割)、小核(生殖的役割)、繊毛(運動)、収縮胞(排出)

POINT 04

◆生物は自己複製と代謝を特徴とし、その最小単位は細胞である
◆多細胞生物では細胞の分化がおこる

Chapter 1 　細胞からみる生物の全体像

Stage 05 細胞の大先輩、原核細胞
ヒトの先祖はバクテリア

細胞の中身まで異なる原核生物

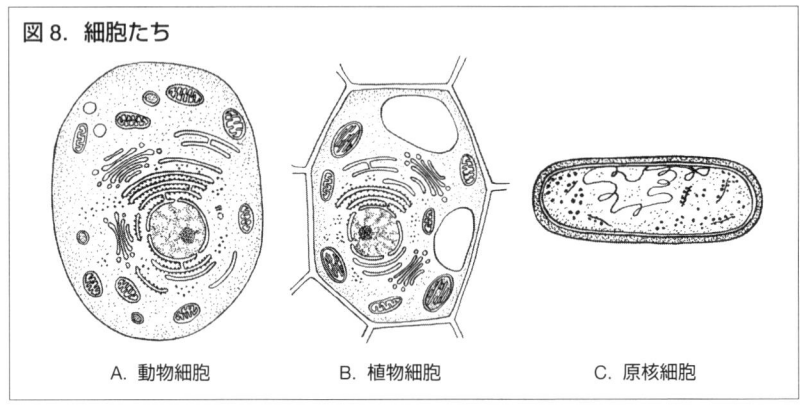

図8. 細胞たち

A. 動物細胞　　B. 植物細胞　　C. 原核細胞

　上の3つの細胞を比較すると、動物細胞と植物細胞は似ており、原核細胞が大きく異なることがわかりますね。動物・植物は形態や生活様式は異なっても、細胞レベルでは似ています。

　細菌のように核膜で包まれた核をもたない細胞を原核細胞（その細胞でできた生物が原核生物）といいます。原核細胞は、細胞膜・細胞壁はありますが、細胞小器官（→ Stage 06）はあまり含まれません。一方、A、Bのように核膜に包まれた核をもつ細胞を真核細胞（その細胞でできた生物が真核生物）といいます。

40億年前、最初に登場した生物は原核細胞であった

　なぜ細胞のつくりにちがいがあるのでしょうか？　40億年前に最初に登場した細胞は原核細胞です。真核生物は、約20億年前、大型原核生物にミトコンドリアの祖先である好気性細菌や、葉緑体の祖先であるラン藻が共生して生じたと考えられています（細胞共生説）。

ミトコンドリアや葉緑体は二重膜構造をしており、内部に独自のDNAやリボソームをもち、細胞内で半自律的に分裂します。これはミトコンドリア・葉緑体がもともとは独立した生物であった証拠であり、図のように原核生物どうしが共生して真核生物が誕生したことを示しています。DNAを収納する核はこの頃に形成されたものです。

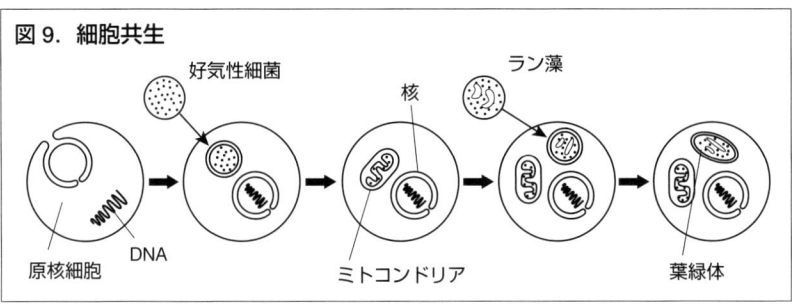

図9. 細胞共生

細菌（bacteria）・ラン藻が原核生物

原核生物は細菌・ラン藻のみです。細菌は大腸菌・破傷風菌・結核菌など○○菌という名称がつくか、クロストリジウム・アゾトバクターなど英語名です。ラン藻は、汚れた湖の表面に浮くアオコやネンジュモ・ユレモなどです。一方、植物・動物・菌類（キノコ・カビ・コウボ）と原生生物（単細胞の真核生物、ゾウリムシ・アメーバなど）はすべて真核生物です。

 Hela細胞　～今も生き続けるヘレンさんのがん細胞
　1952年、アメリカでヘレンさんという女性が癌で亡くなりました。彼女のがん細胞は、世界の癌研究所の共通細胞として使われはじめ、今も増殖し続けています。ヘレンさんが亡くなっても細胞は生き続けていることから、生命の最小単位が細胞だということがよくわかりますね。

POINT 05

◆細胞は原核細胞と真核細胞に分類できる
◆真核生物は20億年前に出現し、ミトコンドリア・葉緑体が共生したものと考えられている（細胞共生説）

Chapter 1 　細胞からみる生物の全体像

Stage 06　細胞小器官の活躍
分業で支える細胞の命

　各臓器が分担してはたらくことでヒトの体が成り立っているのと同様に、1つ1つの細胞の中でも細胞小器官が役割分担をしてはたらいています。動物と植物で若干の差はありますが、細胞小器官はほとんど共通しています。では細胞の中を探ってみましょう。

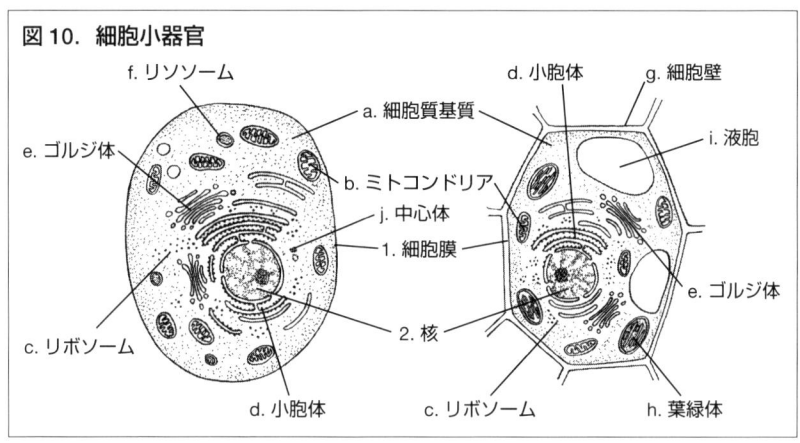

図10．細胞小器官

1. 細胞膜 cell membrane　細胞の内外を隔てるとともに、物質輸送をする輸送タンパク質、ホルモンなどを受け止める受容体をもちます。
2. 核 nucleus　遺伝子を含む DNA を、ヒストンという球状タンパク質にまきつけた染色体に折りたたんで収納している場所。核は核膜で包まれ、所々に核と細胞質の物質の出入りの場所である核膜孔が開いています。リボソームの原料である rRNA（リボソーム RNA）合成の場所は特に濃くみえるので核小体とよばれ、核内に1〜数個存在します（→ Stage 46、67）。
3. 細胞質 cytoplasm　核以外の部分を細胞質と総称します。
    a. 細胞質基質 cytosol　細胞小器官を浮かばせた液体（コロイド）部分。ここにはさまざまな化学反応のための酵素・栄養分（グルコース

など)・ATP などが溶け込んでいます。
b. ミトコンドリア mitochondria　酸素を使ってエネルギー貯蔵物質 ATP をつくりだす反応(好気呼吸)を行います。細胞内の生命活動のエネルギー供給所となっています(→ Stage 40 〜 42)。
c. リボソーム ribosome　rRNA とタンパク質が結合してできた構造。DNA の情報を読み取った mRNA の情報を読み取り、バラバラのアミノ酸からタンパク質をつくるタンパク質合成工場です(→ Stage 69)。
d. 小胞体 endoplasmic reticulum　リボソームでつくられたタンパク質を輸送したり、脂質合成をしたりする場です(→ Stage 70)。
e. ゴルジ体 golgi body　小胞体から送られてきたタンパク質を修飾してタンパク質合成の仕上げを行い、必要に応じて細胞外に輸送します(→ Stage 70)。
f. リソソーム lysosome　細胞内に取り込んだ物質を、加水分解酵素で分解して吸収する細胞内消化を行います。

植物細胞独自の構造(動物細胞にはない構造)
g. 細胞壁 cell wall　セルロースでつくられ、細胞の形を保ちます。
h. 葉緑体 chloroplast　光合成と窒素同化を行います(→ Stage 75、76)。
i. 液胞 vacuole　老廃物を蓄えるとともに、細胞浸透圧の急激な変化を抑えることで植物細胞の形状を正常に保ちます(動物細胞でも未発達のものはある)。

動物細胞独自の構造(植物細胞にはない構造)
j. 中心体 centrosome　細胞分裂時に紡錘糸の起点となります(植物に中心体はないが、紡錘糸は形成される)。

POINT 06

◆細胞は細胞膜・核・細胞質でできている
◆細胞質にはミトコンドリア、葉緑体、リボソーム、小胞体、ゴルジ体、リソソーム、細胞質基質などがある

Chapter 1 　細胞からみる生物の全体像

Stage 07 　細胞膜は脂質二重層
うまく（膜）できています、生体膜

　ミトコンドリア・葉緑体などの名称も役割もちがう細胞小器官でも、膜の基本構造はほぼ同じです。これらを総称して生体膜とよびます。

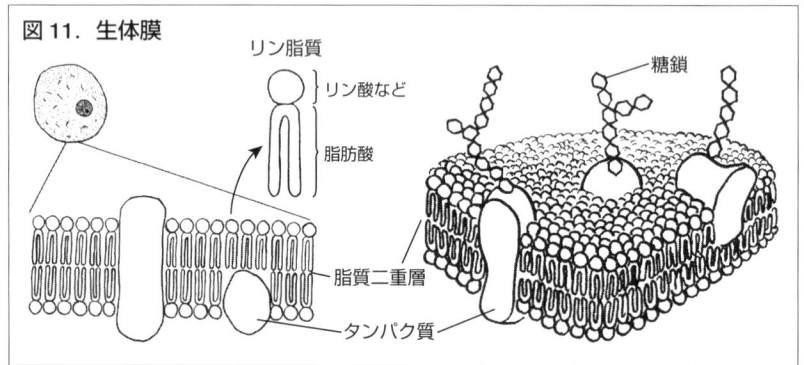

図11．生体膜

　細胞膜はリン脂質が二重になった脂質二重層の構造となっています。膜の内側には、疎水性（水に溶けない）の脂肪酸が位置して形を保ちながら、膜の外側に親水性（水になじむ）のリン酸などを配列させるという絶妙な配置になっています。その間に、膜を柔軟にするコレステロールや輸送にかかわるタンパク質、長く鎖状に突出した糖鎖があります。糖鎖は細胞どうしがおたがいを区別するマークとしてはたらいています。

細胞膜の特徴1　水分子は通すが、水に溶け込んだ溶質分子は通しにくい

　細胞膜のリン脂質のすきまは小さく、水分子は通しますが水に溶けた分子（溶質）は通しません。この性質を半透性といいます。溶質が多い高濃度溶液と低濃度溶液が接すれば、高濃度溶液の溶質が低濃度側に移動（拡散）して等濃度になろうとします。ところが、半透膜で隔てられていると溶質は移動できず、水分子のみ移動可能なため、水分子が低濃度溶液側から高濃度溶液側に移動することで等濃度になろうとします。この現象を浸透といい、その圧力を浸透圧といいます。赤血球をいろいろな濃度の液に浸した状態を以下に示します。

細胞としてはbの状態が好ましいので、体液には細胞と同じ濃度を保とうとするしくみがあります。細胞より高い浸透圧の液を高張液といい、等しいものを等張液、低いものを低張液といいます。医療で使われる等張液で、

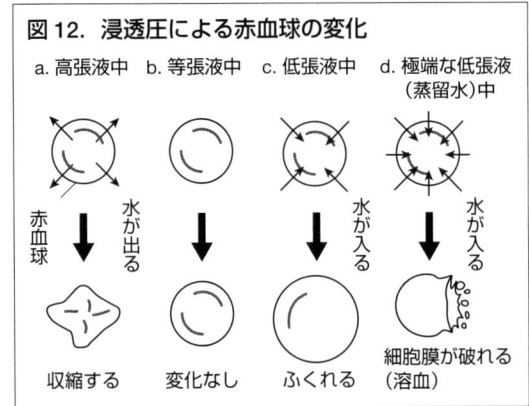

成分が食塩水だけのものを生理的食塩水といい、その濃度は0.9％です。

特徴2　選択透過性・膜輸送（膜内外に物質を輸送するタンパク質）

細胞膜の半透性だけでは、生命活動に必要な物質は細胞内に取り込めないことになります。しかし、水以外の必要な分子は専門にそれを透過させる膜タンパク質があり、それによって選択的に透過させています。

特徴3　化学反応を進める

細胞の生命活動のもとになる化学反応を促進する物質は、細胞の液体部分にも存在しますが、生体膜にも多く埋め込まれています。

特徴4　膜をくびれさせ、物質を吸収・排出する

細胞膜は大きな物質を細胞内に取り入れたり（食作用、またはエンドサイトーシス）、逆に、物質を膜から細胞外に排出させたりすることができます（エキソサイトーシス）。

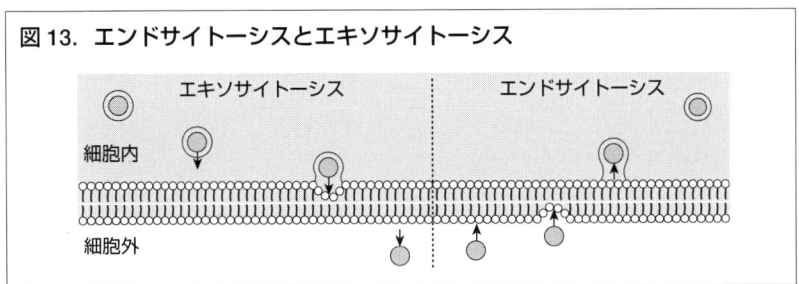

POINT 07

◆生体膜は、リン脂質とタンパク質・糖鎖でできている

Chapter 1　細胞からみる生物の全体像

Stage 08　膜輸送

分子をう「まく」選り分ける膜

細胞膜を通じた物質の輸送（選択透過性）

　細胞膜のリン脂質間のすきまは小さく、水やリン脂質となじむ脂溶性物質（ステロイドなど）は透過できますが、それ以外の分子・イオンは透過が困難です。細胞の積極的な活動のためには分子・イオンの出し入れが不可欠です。そこで細胞膜はタンパク質を使って、分子・イオンを通す孔をつくっています。その孔はグルコース専用・Na^+専用などそれぞれの物質に専用の孔となっています。その孔を使って特定の物質を細胞膜が通すことを**選択透過性**といいます。

受動輸送〜チャネル・トランスポーター〜

　物質の輸送には方向性があります。細胞にとって不要な分子・イオンは細胞外に排出し、必要な分子・イオンは細胞内に取り入れようとします。また、コーヒーに入れた砂糖のように、物質には高濃度から低濃度に拡散しようとする特徴があります。**したがって高濃度側→低濃度側の移動の場合には、細胞膜に孔があるだけで移動がおこります。これはエネルギーを必要としない輸送なので受動輸送（拡散）とよばれます。**

　受動輸送を行う孔は、イオンの場合はチャネル、グルコースなど分子の場合はトランスポーターといいます。水分子は孔なしでも通ることができますが、その速度は速くないので、大量に水の出し入れを必要とする小腸・腎臓などの組織の細胞膜は、水チャネル（アクアポリン）といわれる孔が大量にあります。

　また、イオンと分子をセットで輸送する孔もあります。小腸上皮細胞にはNa^+とグルコースをセットで輸送するNa^+グルコース共役輸送体があり、両者の吸収を促進しています。このように臓器・組織は、必要なチャネル・トランスポーターをうまく細胞膜に配置しています。

能動輸送〜ナトリウムポンプ・カルシウムポンプ

　濃度差に逆らって、低濃度側→高濃度側に物質を輸送するのは、川の流れに逆らって進む船のようなものでエネルギーを必要とします。**ATP**（→ Stage 40）**のエネルギーを使って低濃度側から高濃度側に物質を輸送するしくみを能動輸送といい、そのための孔をポンプとよびます。**

　すべての細胞ではたらいているのがナトリウムポンプです。細胞は Na^+ を細胞外に排出し、不足している K^+ を細胞内に取り入れようとします。両者とも濃度差に逆らった能動輸送であり、「ナトリウム—カリウム ATP アーゼ」というポンプで両者を逆方向にセットで輸送します。このポンプのはたらきで、K^+ は細胞内のほうが、Na^+ は細胞外（体液側）のほうが高濃度に保たれています。

　この他にも細胞膜にはカルシウムポンプがあり、Ca^{2+} を細胞外に排出し、細胞内の Ca^{2+} は低濃度に保たれています。このため細胞内で Ca^{2+} が急増することは、筋収縮開始などさまざまな反応の信号となるのです（→ Stage 19）。

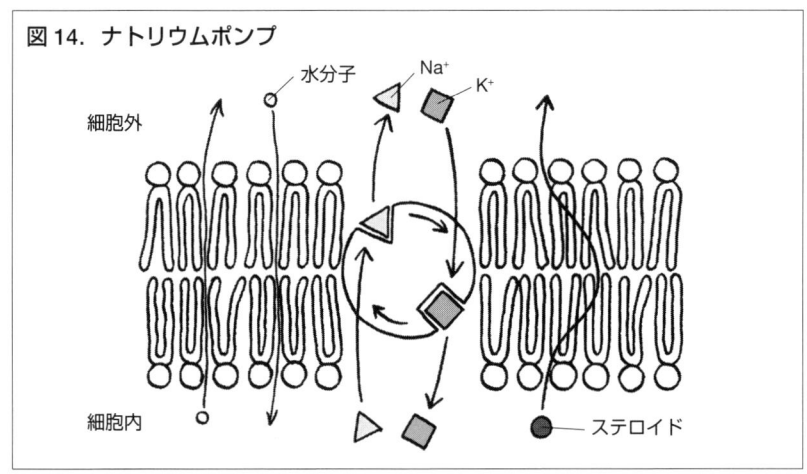

図14. ナトリウムポンプ

POINT 08

◆エネルギー不要の受動輸送、必要の能動輸送
◆膜輸送はタンパク質の孔で行われ、チャネル・トランスポーターなどが行う受動輸送と、ポンプが行う能動輸送がある

練習問題

問1 生物の世界が大きな世界から小さな世界までで成り立っていることを何というか。

問2 1 Mm は何 m か。

問3 細胞膜の厚さは 10 nm だが、これは何 m か。

問4 大腸菌・ミトコンドリアの大きさはどのくらいか。

問5 ゾウリムシ、ヒト卵の大きさはどのくらいか。

問6 雨季にアマゾン川流域に出現する森林を何とよぶか。

問7 細胞が役割分担していくことを何というか。

問8 ゾウリムシの排出器官は何か。

問9 細胞共生で生じたと考えられる細胞小器官は何か（2つ）。

問10 上記の細胞小器官がもつ特徴は何か（3つ）。

問11 次のはたらきをする細胞小器官は何か。
①好気呼吸　②タンパク質合成　③分泌

問12 植物にあって動物にない細胞小器官は何か（3つ）。

問13 動物にあって植物にない細胞小器官は何か（1つ）。

問14 細胞膜の構成成分を4つ書け。

問15 細胞膜が溶質分子を透過させず、水分子を透過させる性質を何というか。

解答

問1：階層構造
問2：10^6 m
問3：10^{-8} m（1億分の1 m）
問4：2 μm
問5：200 μm（0.2 mm）
問6：水没林
問7：分化
問8：収縮胞
問9：ミトコンドリア・葉緑体
問10：脂質二重層構造、独自のDNA・リボソーム、半自律的分裂
問11：①ミトコンドリア　②リボソーム　③ゴルジ体
問12：葉緑体・細胞壁・液胞
問13：中心体
問14：リン脂質・タンパク質・コレステロール・糖鎖
問15：半透性

- □ 中枢神経系
- □ 大脳を眠らせる脳幹
- □ 時計をもった脳幹
- □ 体をつくる４つの組織
- □ 眼の構造とはたらき
- □ 視神経〜眼から脳へ〜
- □ 耳〜聴覚のしくみ〜
- □ 口と鼻
- □ 神経の興奮〜伝導と伝達〜
- □ 神経の跳躍伝導
- □ 筋肉

Chapter 2
情報処理の細胞たち

　ヒトの60兆個の細胞の総司令部は、約1000億個の細胞たちの集合体＝脳・脊髄・神経系です。脳の中にも、大脳（考える脳）、脳幹（無意識の体の調節）・小脳（バランスの脳）があります。刺激が感覚として受け止められ、筋肉が反応をおこすまでをみていきましょう。

Chapter 2　情報処理の細胞たち

Stage 09　中枢神経系

大脳に描かれた地図

　あなたの体をつくる60兆個の細胞群の司令部としてはたらいているのは、脳などの神経系とよばれる場所です。神経系について、今この本を読んでいるあなたの体で考えてみましょう。

　文字の情報は、眼の網膜という感覚器（受容体）に入ると、網膜にある視細胞を興奮させます。この興奮が網膜から大脳まで伸びている視神経で大脳に伝えられ、字がみえたと感じるのです。

　次に、あなたは本の内容を理解や記憶しようと考えますね。考える際には、大脳内の神経細胞どうしで情報のやり取りをします。また、本の重みや手触りを感じるのは、皮膚の感覚点という感覚器（受容体）からの情報が、手の神経（感覚を受け取るので感覚神経といいます）から、脊髄、大脳へと伝えられるからです。

　最後に、このページを読み終わったあなたはページをめくりますね。これは大脳の神経細胞が「ページをめくれ」という指令をだし、それが脊髄から手の神経（運動を指令するので運動神経といいます）へと活動電流を伝え、その指令で筋肉（作動体）が動くからです。

大脳と脊髄のはたらき

　右手の親指を動かしてみてください。その指令は実はあなたの左脳がだしたものであり、その感覚も左脳で受け止められます。右半身の神経は脊髄・延髄などでクロスして左脳とつながり、左半身の神経は右脳とつながっています。脳障害の場合、脳の障害側と反対側の体に障害がでます。

　大脳は、外側の新皮質と内部に近い部分の大脳辺縁系に分けられ、新皮質は前頭葉・頭頂葉・側頭葉・後頭葉に分けられます。大脳辺縁系は本能や情動をつかさどります。新皮質は感覚や運動の把握・指令を役割分担で行い、それらの場所を「〜中枢」「〜野」とよびます。視覚野は後頭葉、聴覚野は側頭葉というように、つながっている体の場所と脳を対角線で結

んだ位置に中枢があることが多いと考えればわかりやすいですね。記憶中枢は大脳辺縁系の海馬という場所で、その外側は側頭葉の聴覚野です。判断など知的活動は前頭葉です。聴くための感覚性言語野（ウエルニッケ野）は側頭葉に、話すための運動性言語野（ブローカ野）は前頭葉にあります。

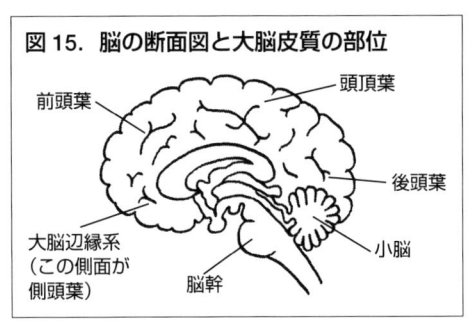

図15. 脳の断面図と大脳皮質の部位

　命にかかわるような緊急対応が必要な場合は、大脳の命令なしに、**「感覚細胞→感覚神経→脊髄→運動神経→筋肉」**という流れで、脊髄が直接行動の指令をだします。これを**脊髄反射**といいます。

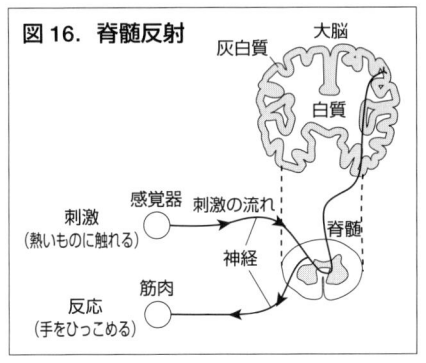

図16. 脊髄反射

小脳はバランスの脳

　小脳はバランス保持にはたらいています。したがって小脳が損傷するとバランスよく歩くことが難しくなります。このバランスは「倒れない」という狭い意味だけではありません。たとえば、あなたがページをめくろうとしたとき、その意志は大脳がもちますが、具体的に右手の指を何度動かし、どのぐらいの力で紙をめくるかなどは、あなたが大脳で角度・力を計算しなくても、経験から小脳が記憶し、ほとんど普段は意識しなくても行動できるレベルまで到達しています。

POINT 09

◆大脳は、感覚器、感覚神経、運動神経、筋肉を結ぶ意識の脳
◆脊髄は大脳と臓器・器官の間の連絡通路、そして脊髄反射の中枢
◆小脳はバランスの脳

Chapter 2　情報処理の細胞たち

Stage 10　大脳を眠らせる脳幹

瞳孔実験で脳幹のはたらきを知る

図17. 寝ているヒトと脳

　テストのために徹夜して勉強したいという意志をもっていたものの、どうしても眠くなって寝てしまった経験は誰しもありますね。

　「勉強したい」という意志をもっているのは大脳ですが、その意志に逆らってでも強制的に眠らせる指令をだしたのはどこなのでしょうか。**それは無意識の脳である脳幹**です。

　眠っているときに大脳は休んでいても、呼吸などは脳幹にコントロールされています。

起きているときも無意識〜内臓

　起きているときも、行動はすべて大脳のコントロール下にあるのでしょうか。あなたがこのページをここまで読み進めるまで何回肺に息を吸いましたか？　体温を保つために筋肉・肝臓でどれぐらい発熱しましたか？

　これらはすべて無意識に行われており、内臓や血液のバランス（恒常性）を自然にコントロールしているのが脳幹です。大脳は脳幹部の活動が許す範囲で、意識の世界をコントロールしているのです。体を理解するためには、大脳（意識の世界）中心の発想から、無意識の脳幹も含めて考えることが大切です。

脳死と植物状態のちがい

　脳が大脳・脳幹・小脳の3層構造であるとわかると、脳死と植物状態の区別がわかります。

　植物状態とは、大脳だけが機能停止し、脳幹・小脳が正常な場合をいい

ます。脳幹は機能しているため、基本的な反射・生命維持はでき、自発呼吸ができます。**脳死は、大脳のみならず脳幹・小脳も機能停止したため、基本的な反射や自発呼吸ができず、人工呼吸器なしに呼吸はできません。**
脳幹は、上から間脳・中脳・橋・延髄に分類できます。

表2. 脳幹の各部位

間脳	嗅覚以外の神経の中継路・恒常性維持の中枢
中脳	眼球運動・瞳孔反射の中枢
橋	小脳と大脳との連絡通路
延髄	呼吸運動や、唾液分泌・飲み込み・せき・くしゃみなど口鼻に伴う反射の中枢

memo　鏡の前でやってみよう　瞳孔反射（脳幹支配）の実験

無意識の世界を実感することは難しいですね。しかし簡単に確かめる実験があります。手鏡をだすか、トイレか風呂に入ったときに確かめてみましょう。

1. 両目を開けて鏡をみて、右目の瞳孔の大きさをみる。
2. 左目を手で覆い、右目瞳孔の大きさをみる。すると瞳孔が大きくなる（入射光量が半減したため、脳幹が入射光量を増やそうとし、瞳孔を広げる）。
3. また左手をはずすと、今度は微妙に縮む（入射光量が増えたため、瞳孔をもとの大きさに戻す）。普段意識することのない瞳孔の大きさの確認は、無意識の世界を意識する入り口です。脳死ではこの反射も失われます。

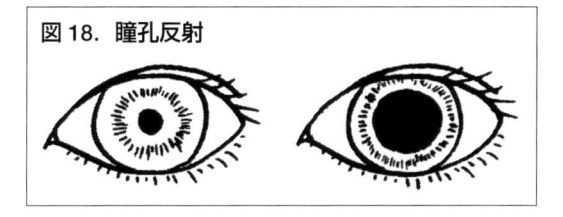

図18. 瞳孔反射

POINT 10

◆大脳（意識の世界）・脳幹（無意識の世界）・小脳（バランス）

Chapter 2 ｜ 情報処理の細胞たち

Stage 11 時計をもった脳幹
昼夜リズムでリセットする時計

　ところで、皆さんがいつも同じ時間に眠くなるのはなぜでしょうか？あまり運動しなかった日でも激しく運動した日でも、眠くなる時間はそれほど変わりませんね。睡眠時間が疲れの蓄積によるものだけならば、徹夜して2日分の疲れがたまった夜は2倍の時間眠ってもよさそうなのに、いつもより多少余分に寝るだけで起きてしまいますね。

　どうやら人間には、昼間の疲労度や前夜の睡眠量とは無関係に、夜眠り、朝起きるというリズムがあるようです。

体内時計と概日リズム

　外界と情報を隔絶した部屋で時計をもたずに生活しても、ヒトは約1日の睡眠・覚醒リズムを刻みます。ヒトには外界の明暗変化がなくなってもリズムを刻む**体内時計**（生物時計）があり、それはヒトの脳幹の視交叉上核（左右の視神経が交叉する部分の近く）にあることがわかってきました。視交叉上核を破壊されたマウスはこのリズムを失います。昆虫など他の生物にも体内時計があるとわかってきました。

　ヒトの体内時計が刻むリズムは約25時間です。体内時計のリズムは1日（24時間）からずれていることが多いので概日リズムといいます。

視交叉上核〜朝の光で体内時計をリセットする

　生物は、概日リズムを外界の24時間周期の明暗リズムによって修正して生活しています。ヒトの場合、朝の光を浴びることで1時間遅れの体内時計がリセットされます。視交叉上核は網膜と直結する位置にあるため、容易にリセットができるのです。

　最近、視交叉上核では、時計遺伝子という時間を刻む遺伝子が発現しているとわかってきました。

体内ホルモンにもリズムがあるものがある

体内ホルモンにも毎日の分泌量が変化するものがあります。そのはたらきの中心は視交叉上核の体内時計です。

夜になると体温は低下し、睡眠誘発にかかわるメラトニンという脳からのホルモンが増加します。夜明けになると、体温は上昇しメラトニンは減少します。体温とメラトニンは逆の動きですが、睡眠覚醒周期にほぼ一致して変動します。

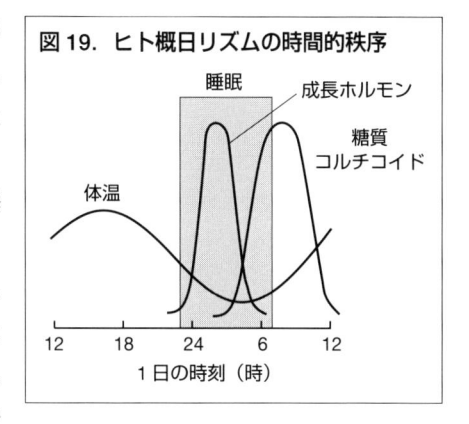

図19. ヒト概日リズムの時間的秩序

一方、成長ホルモンは睡眠初期に多く分泌されます。これが「寝る子は育つ」理由の1つです。タンパク質を糖化する糖質コルチコイドは、睡眠後期から明け方に分泌され、夜間の血糖不足を補い覚醒時の活動を保証します。体内時計は睡眠覚醒周期という意識できる世界だけでなく、意識のできない体内ホルモンのリズムもつくっているのです。

📝memo 光照射療法と時間治療

「宵っ張りの朝寝坊」が極度に続くと、健康面でも社会生活面でも好ましくなく、うつ病の原因にもなります。その治療法の1つに、午前6～8時に、1～2時間程度高照度の光をあびて体内時計をリセットする光照射療法が試みられています。また投薬の際の効果・副作用も、体内ホルモンの状態との関連が深く、投薬時間を厳密に管理していく時間治療が試みられています。

POINT 11

◆ヒトは脳幹の一部（視交叉上核）に体内時計をもっている
◆視交叉上核は、朝の光の情報で体内時計をリセットする
◆多くの生物が昼夜リズム適応のため体内時計を発達させた

Chapter 2　情報処理の細胞たち

Stage 12 体をつくる4つの組織
接着剤コラーゲン

　体をつくる器官は、通常いくつかの組織が組み合わさって構成されています。組織は、神経組織・筋肉組織・上皮組織・結合組織の4つに分類されます。

神経組織

　神経組織は脳・脊髄など中枢神経系と、中枢と体の各部を結ぶ末梢神経に分類されます。神経細胞とそれを保護してとりまく細胞からなり、その細胞は中枢神経では神経膠細胞(こう)（グリア細胞）、末梢神経では神経鞘(しょう)細胞（シュワン細胞）といいます。

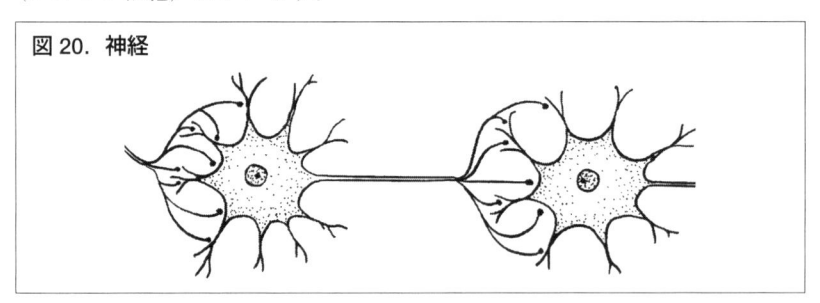

図20. 神経

筋肉組織

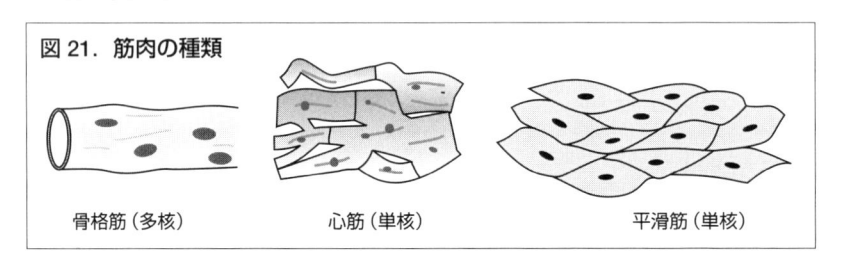

図21. 筋肉の種類

骨格筋（多核）　　心筋（単核）　　平滑筋（単核）

　筋肉は、骨格筋・心筋・平滑筋に分けられます。骨格筋のほかには心筋細胞も横紋がみえる横紋筋ですが、心筋は単核で枝別れしており、これが

心臓拍動の強い収縮力に関与していると考えられています（→ Stage 19）。

内臓筋・血管を収縮させる血管平滑筋・毛を逆立たせる立毛筋などは横しまがみられず平滑筋といいます。一般的に横紋筋は瞬時の大きな収縮能力が高く、平滑筋は持続的でゆるやかな収縮に関与しています。

上皮組織

体器官の内外の表面を覆う組織です。1～数層の細胞層からなり、細胞間が密に結合し、器官の内外を分けます。体の外部に接して生体保護や分泌を行う面と、体の内部の結合組織に面して基底膜に定着する面の方向性（極性）をもちます。上皮組織は発生由来によって次のように分類されます（→ Stage 61）。

外胚葉性	表皮・汗腺・乳腺
内胚葉性	小腸上皮細胞・甲状腺
中胚葉性	腹膜・血管内皮細胞

結合組織

神経・上皮・筋肉組織を結合している組織です。細胞外にいろいろな分泌物をだし、その細胞間質（分泌物）の間に細胞が埋まる形になります。

骨	= 骨細胞（破骨・骨芽細胞含む）＋骨基質
血液	= 血球（細胞成分）＋血しょう（液体成分）
線維性結合組織	= 線維芽細胞＋膠原線維（コラーゲン）

特に線維性結合組織は体の各部で器官と器官の間のつなぎ役をします。膠原線維（コラーゲン）は三重らせん構造で弾力をもち人体中で最も多いタンパク質です。化粧品・食品の粘性を高めるための材料として動物のコラーゲンがよく用いられています。

POINT 12

◆動物の組織は神経・筋肉・上皮・結合組織に分類される
◆上皮組織は相互の結合が強く、器官内外を隔てる
◆結合組織は細胞と細胞間質（コラーゲンなど）からなる

Chapter 2　情報処理の細胞たち

Stage 13　眼の構造とはたらき
ピントを合わせるしくみ

　眼球は直径約24mmでピンポン玉よりずっと小さく、五百円玉の直径とほぼ同じ大きさです。

　眼に入る光は、まず透明な角膜を通り、その内側を満たす眼房水を経て水晶体で屈折され、硝子体を経て光を感受する網膜にいたります。視細胞の興奮が接続している視神経を通じて大脳に伝えられ、視覚が生じます。

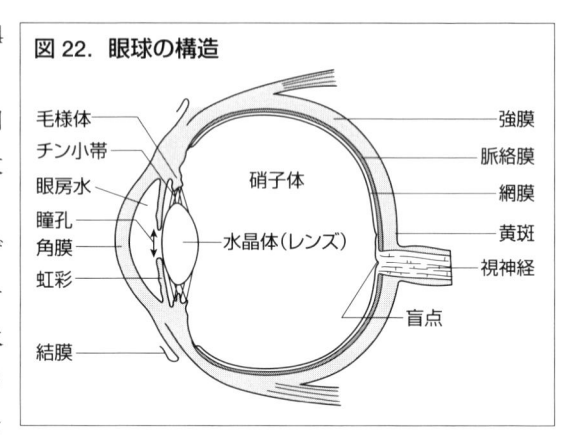

図22. 眼球の構造

毛様体／チン小帯／眼房水／瞳孔／角膜／虹彩／結膜／硝子体／水晶体（レンズ）／強膜／脈絡膜／網膜／黄斑／視神経／盲点

眼にかかわる3つの調整

1. 瞳孔反射

　虹彩は光がレンズに入るのを防ぐレンズカバーの役目をし、瞳孔から光が入ります。瞳孔は外界の明るさに応じて拡大・縮小し、眼の網膜にいたる光量を調整します。

　暗いときは、交感神経のはたらきで瞳孔散大筋が収縮して瞳孔が拡大（散瞳）し、少ない光でも効率的に感受できるようにします。明るいときには、副交感神経の司令で瞳孔括約筋により瞳孔が縮小（縮瞳）し、眼内に必要以上の光が入らないようにします。

2. 遠近調節

　本に合わせていた視線を窓の外の景色に移した瞬間に、そちらにピントが合うのはどうしてでしょうか？

　近くをみるときは、レンズの外側にある毛様体が収縮します。毛様体は

内側方向へ収縮するように筋肉が配置しているため、結果としてチン小帯がゆるみ、レンズは自分の弾力で厚くなって光の屈折率を高め、外広がりに入ってきた光を網膜で像を結ぶようにします。一方、遠くをみるときは「毛様体弛緩→チン小帯緊張→レンズは引っぱられて薄くなる→屈折率低下」という過程をとります。本を読みすぎて目が疲れるのは、毛様体の疲れなどによります。

3. 明暗調節

網膜には色のちがいを感受できる円錐形の部分をもつ錐体細胞と、色のちがいは感受できませんが薄明を感受できる棒状のかん体細胞があります。

錐体細胞は明るい場所のみではたらき、色彩を見分けます。ヒトには赤・緑・青（光の三原色）を感じる3種類の錐体細胞があり、その興奮の程度の組み合せで中間色を感じます。

かん体細胞は、暗所においてレチナールとオプシンを結合させてロドプシンを合成します。ロドプシンがつくられると弱い光も感受できるようになり、薄明に適応できます。**これを暗順応といい、夜に部屋の電気を消しても次第に目が慣れてくるのはこのためです。**明るい場所に行くとロドプシンは再び分解され、過剰に光を感受しないようにします。

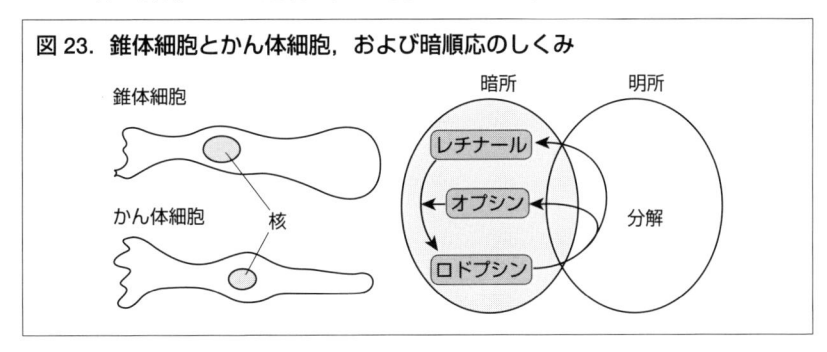

図23. 錐体細胞とかん体細胞、および暗順応のしくみ

POINT 13

◆光の入る経路　角膜→眼房水→レンズ→硝子体→網膜
◆3つの調整－瞳孔反射・遠近調節・明暗調節

Chapter 2　情報処理の細胞たち

Stage 14　視神経 ～眼から脳へ～
眼底写真の読み方

図 24. 脳・眼・物体位置関係

左側の視野　右側の視野

左目　　　　　　　右目

視交叉

左脳　　　　　　　右脳

右視野の情報は左脳へ、左視野の情報は右脳へ

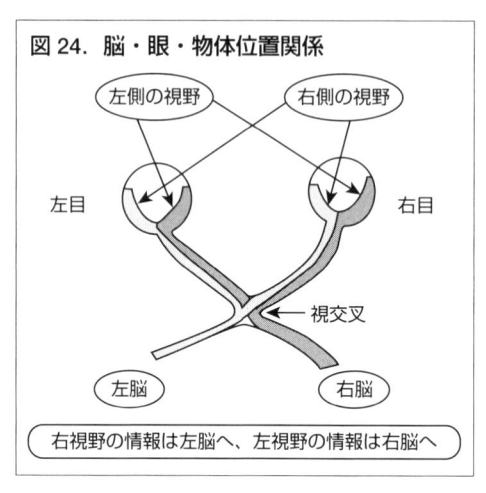

　図は眼・視神経・脳の接続の様子です。「左半身の中枢は右脳、右半身の中枢は左脳」と学びましたが（→ Stage 09）、眼の場合、左眼にも右視野からの光が入ってくるので、交通整理が必要です。体内時計のある視交叉の部分で左右を交差させる神経と交差させない神経を絶妙に配置することで、交通整理をしています。

　結果として右視野の情報は左脳で処理され、左視野の情報は右脳で処理され、最後にそれを統合して視覚として意識しているわけです。

眼底写真

　眼の検査で眼底写真を撮った後、しばらくまぶしかった経験がありますね。網膜の血管などの状態を調べ、眼・血管の病気を発見するために映されるのが眼底写真です。図は右眼の眼底写真です。

　血管が集中し、明るく光るのが盲点です。**写真が明るいということは、光を吸収せず**

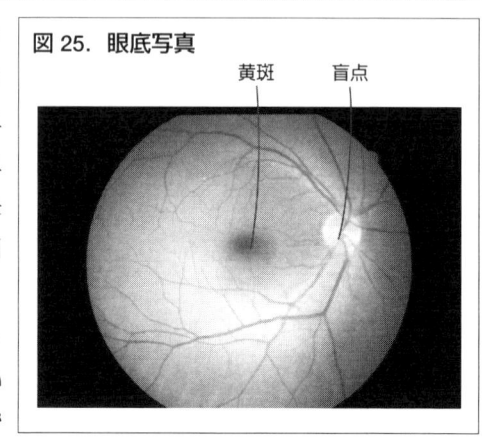

図 25. 眼底写真

黄斑　　盲点

に反射しているためです。網膜全体からの視神経がここに集中し、ここから脳へとつながる場所のため視細胞がないのです。ここに入った光はみえないため、盲点といいます。盲点はそれぞれの眼の外側視野の光が入っている場所です。視神経と並行して、ここから写真のように網膜に酸素と栄養を与える血管網もはりめぐらされます。

　反対側には暗い黄斑があります。死後に黄色くなるのでそう命名されました。**写真で暗いということは光をよく吸収している場所であることを示し、視細胞、特に錐体細胞が集中し、色がはっきりみえます。**凝視した物体の光が入る場所です。

盲点の存在を確かめる実験

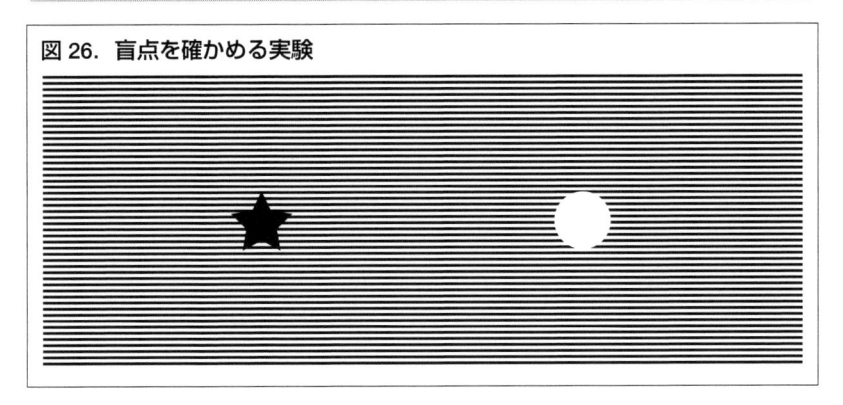

図26. 盲点を確かめる実験

　左眼を閉じ、右眼で★をみて、本を前後に動かしてみましょう。するとある場所で〇がみえなくなります。その場所が盲点に入る光の位置で、右外側にあります。

POINT 14

◆視交叉で視神経を交通整理する
◆盲点は視神経の集まり、黄斑は錐体細胞が集中する場所

Chapter 2　情報処理の細胞たち

Stage 15　耳 ～聴覚のしくみ～
平衡器官でもある耳

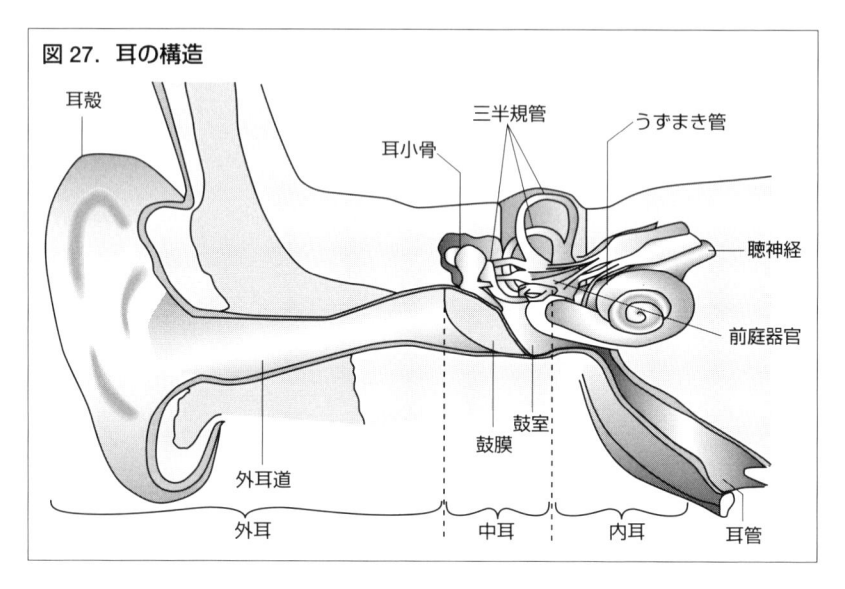

図27. 耳の構造

耳は外側から鼓膜までの外耳、耳小骨があり耳管でのどとつながる中耳、最も内側にある内耳からなります。外耳・中耳は音の通路であり、主として音の増幅にかかわっており、感覚器そのものは内耳に集中しています。感覚器には聴覚にかかわるうずまき管のほかに、平衡感覚にかかわる前庭器官、回転・速度感覚にかかわる三半規管があります。うずまき管・前庭器官・三半規管は、リンパ液に満たされ、感覚細胞として感覚毛をもつ有毛細胞があるという2点が共通です。

聴覚のしくみ

音が鼓膜を振動させると、その振動は耳小骨で増幅され、内耳でカタツムリのような形をしたうずまき管に伝えられます。

うずまき管の中には根元から先端（渦の中心）まで伸びている長い廊下のような構造があり、その中はリンパ液に満たされています。耳小骨の振

動は、このリンパ液の中の音波として伝えられ、この長い廊下を走ります。廊下の広さは根元部と先端部（渦の中心）で異なり、音波が廊下を走ると、廊下の下に音を高低別（周波数別）に把握するようにコルチ器が配置されています。ドレミのドの音を感じるコルチ器とミを感じるコルチ器は別の場所に配置されています。それぞれのコルチ器の聴細胞の興奮は聴神経を通じて脳に伝えられ、音階・高低を見分けながら音を受け止めることができるのです。

前庭器官は平衡感覚、三半規管は回転感覚

　体の傾きを感じるのは内耳の前庭器官です。ここにはリンパ液で満たされた空間があり、そこに炭酸カルシウムでできた耳石があります。**体が前後左右に傾くと、その重みがかかった側の有毛細胞が刺激され、その刺激が前後左右の傾きとして脳に伝えられます。**

　三半規管はイカリングが3つ直交したように並んでいます。その根元に有毛細胞があり、その毛の先端部はゼラチン様のクプラに包まれています。体が回転すると三半規管の中のリンパ液が動いてクプラとその中の感覚毛が動き、その刺激が脳に伝えられて回転を感じます。逆に回転に慣れたころ、急に回転を止めてもリンパ液の流れは続くので逆方向にクプラが急に動き、不快感につながります。

図28．三半規管の構造
体が静止しているとき
クプラ
感覚毛
感覚細胞
前庭神経

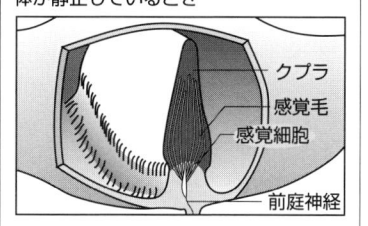

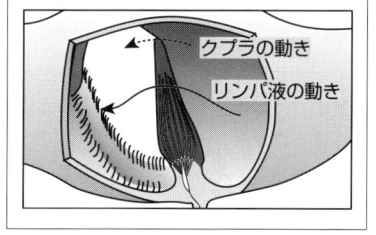

体が回転しているとき
クプラの動き
リンパ液の動き

POINT 15

◆外耳・中耳は音波の通路・増幅路
◆うずまき管は聴覚、前庭器官は平衡感覚、三半規管は回転感覚を担う

Chapter 2 | 情報処理の細胞たち

Stage 16 口と鼻
ヒトが言葉を話せるわけ

　口は歯で食物を噛み砕き、舌で味を感じる器官であるとともに、呼吸・発声機能も担っています。チンパンジーとヒトを比較しながら、この構造をみていきましょう。

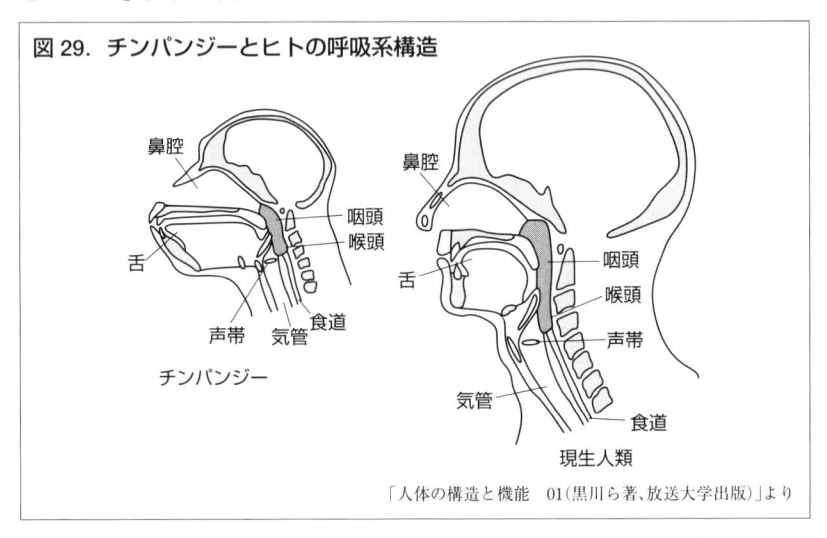

図 29．チンパンジーとヒトの呼吸系構造

「人体の構造と機能　01（黒川ら著, 放送大学出版）」より

　チンパンジーに比べ、ヒトでは喉頭の位置が下がり、空気と食物の共通の通り道である咽頭の空間が広くなって舌の動きの柔軟性も増しました。声の基礎となる空気の吐きだしは、肺からの呼気を声帯から吐きだすことですが、それを共鳴させる空間が広くなりました。さらに舌の動きがこの空間の造形を変えることによってさまざまな音をだせるようになり、言語コミュニケーションが発達しました。チンパンジーはこの空間が少ないため（仮に大脳が発達しても）複雑な言葉を話すことはできません。

嚥下障害とは？

　加齢に伴う高齢者の死亡原因で多いのが嚥下(えんげ)障害です。食事が肺に入り、そこで肺炎などの感染症をおこします。

Stage 16　口と鼻

　言葉を発達させた咽頭という空間の拡大とともに、食物と呼吸の通り道を整理する必要が生じました。食事中でも呼吸はしているので瞬時の整理が必要です。それを行っているのが、軟口蓋（のどちんこ）と喉頭蓋です。加齢で喉頭蓋の反射が鈍ると、肺に食物が入ってしまうのです。

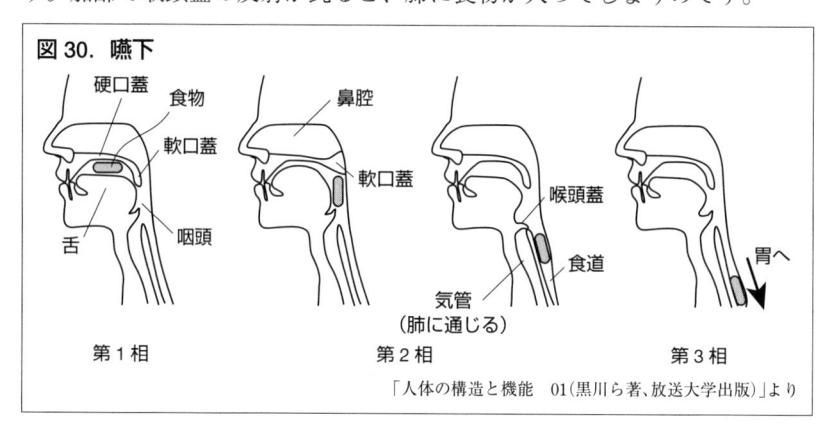

図30. 嚥下

硬口蓋　食物　鼻腔　軟口蓋　喉頭蓋
軟口蓋　　　　　　　　　　　食道
舌　咽頭　　　　　　　気管（肺に通じる）　　　　胃へ
第1相　　　　　　第2相　　　　　　第3相

「人体の構造と機能　01（黒川ら著、放送大学出版）」より

memo　睡眠時無呼吸症候群とは？

　嚥下障害は加齢とともに誰にでもおきますが、人によってはこの呼吸経路の圧迫障害が睡眠時におきることがあります。舌が大きかったり、あごが小さく舌がもともと下側に位置する場合、舌が空気の通り道をふさいで無呼吸となるためです。最近、適度な圧力の空気を送り込む装置を睡眠時に装着することで、舌の落下を防ごうという治療が試みられています。

鼻・舌

　鼻腔はその上部に嗅上皮があり、そこで空気中の化学物質が表面の水に溶け込んだ状態で感受され、それを嗅神経を通じて脳に刺激として送っています。舌にある微細な突起である味蕾の表面にある味細胞も、食物中の化学物質を水に溶けた形で感受します。両者とも化学物質を感受し、危険な物質に対しては吐きだす対応をします。

POINT 16

◆ヒトでは咽頭部が広くなり、言語を獲得できた
◆喉頭蓋（と軟口蓋）の動きで呼吸と食物の飲み込みを制御している

Chapter 2　情報処理の細胞たち

Stage 17　神経の興奮 ～伝導と伝達～
「全か無かの法則」とは？

　ここでは、感覚器と脳・脊髄をつなぎ、脳・脊髄から筋肉まで指令を伝える神経細胞（ニューロン）についてみていきましょう。

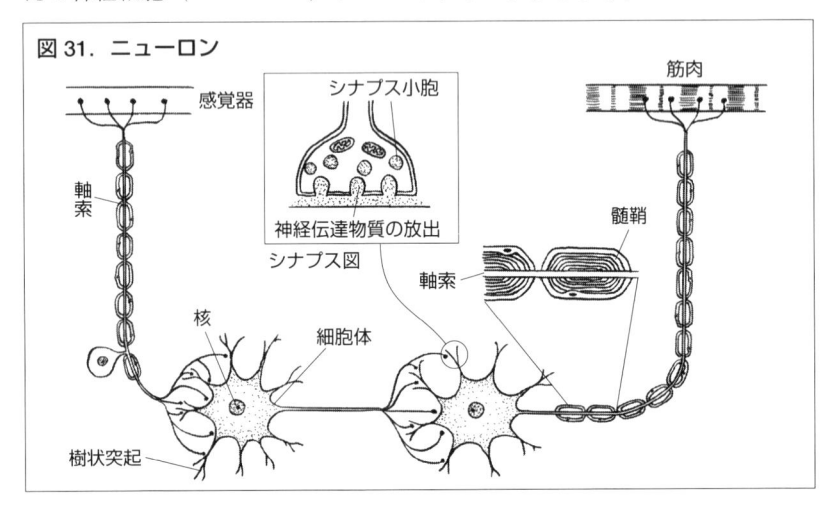

図31．ニューロン

伝導と伝達

　核・小胞体・ミトコンドリアをもつニューロンの本体部分が細胞体です。ここから四方に伸ばした突起を樹状突起といい、1本長く伸びた部分を軸索といいます。軸索と次のニューロンの樹状突起が接するすきまをシナプスといいます。

　ニューロン内は電気的興奮が伝わることで情報が伝わります。この電気的興奮を活動電位といい、電流が流れることを興奮の伝導といいます。

　シナプス部分では、軸索末端から細胞体の樹状突起に対して情報を伝える物質が送られます。これを神経伝達物質といい、この物質によって情報が伝わっていくことを情報の伝達といいます。

　仮に神経細胞の↓の部分を刺激したらどうなるでしょうか？　すると同

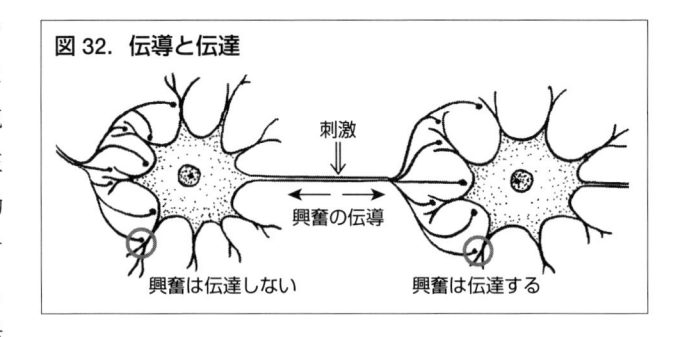

じニューロン内では両側に活動電流が流れますが、左にいった活動電流は伝達することなく、右にいった活

図32. 伝導と伝達

興奮は伝達しない　興奮の伝導　興奮は伝達する

動電流はとなりのニューロンの樹状突起へと伝達されます。**つまり興奮は、「軸索末端→樹状突起」の方向にしか伝達されないのです。**これは神経伝達物質を含んだシナプス小胞が軸索末端にしかなく、細胞表面の受容体も樹状突起側にしかないためです。

神経興奮の「全か無かの法則」

　ニューロン1個には興奮をおこすのに最低限必要な刺激量があり、これを閾値といいます。**閾値より小さいと興奮はまったくおこらず、閾値より大きな刺激がきても興奮の程度（活動電位）は同じです。**これを全か無かの法則といいます。

　実際には、私たちは外界の刺激を強く感じたり弱く感じたりすることができます。強い刺激の際は、ニューロンは1秒間に発生する興奮の回数（インパルス頻度）を増やします（玄関ドアのピンポンの音量はどんなに強く押しても大きさは変わりませんが（全か無かの法則）、「ピンポン、ピンポン、…」と連続して鳴らすと緊急事態を知らせることができるようなものです）。

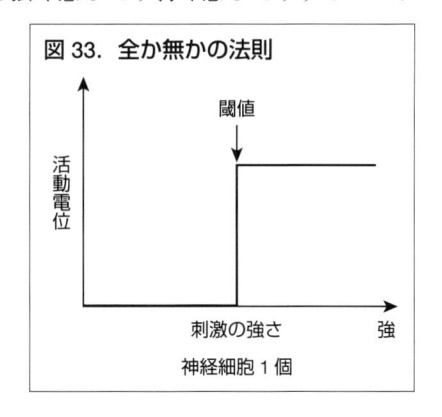

図33. 全か無かの法則

活動電位　閾値　刺激の強さ　強
神経細胞1個

POINT 17

◆ニューロンは細胞体・樹状突起・軸索からなる

Chapter 2 　情報処理の細胞たち

Stage 18　神経の跳躍伝導

興奮がピョンピョン飛び跳ねる？

神経細胞では以下のようなしくみで活動電流が流れていきます。

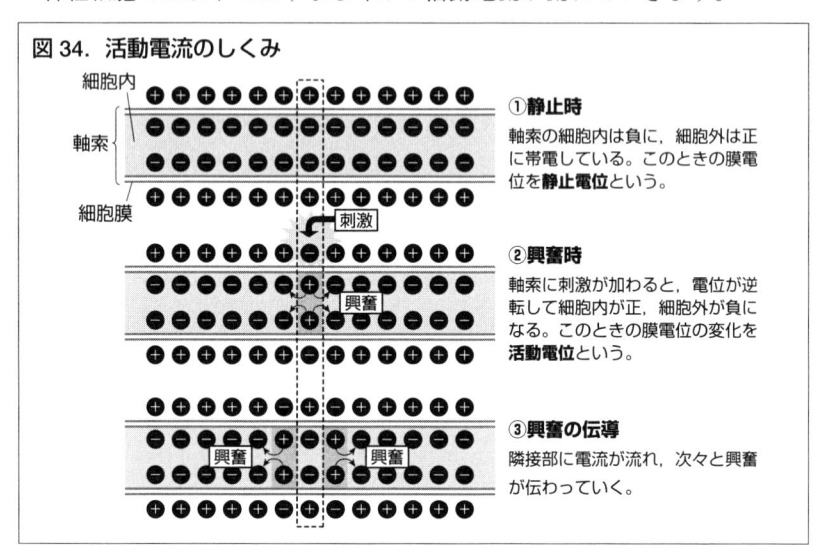

図34. 活動電流のしくみ

①静止時
軸索の細胞内は負に，細胞外は正に帯電している。このときの膜電位を**静止電位**という。

②興奮時
軸索に刺激が加わると，電位が逆転して細胞内が正，細胞外が負になる。このときの膜電位の変化を**活動電位**という。

③興奮の伝導
隣接部に電流が流れ，次々と興奮が伝わっていく。

神経細胞の軸索の細胞膜にはナトリウムポンプ（→ Stage 08）があり、細胞外に Na^+、細胞内に K^+ が多くなっています。細胞膜では Na^+ が多い側が＋になる性質があるため、細胞膜外が＋を帯びます。これを静止電位といいます。

活動電流発生のしくみ

図34の②の太矢印の位置に刺激が加わると、その部位の細胞膜の Na^+ 透過性が増して Na^+ が細胞内に大量に入るため、細胞内が＋となって電位が逆転します。これを活動電位といいます。

次に③のように、この電位逆転の興奮が両側に伝わり、両側の電位が逆転していくことをくり返し、興奮が伝導していくことになるのです。池に石を投げると波紋が広がっていくようなものですね。

髄鞘化による跳躍伝導

　ニューロンに細胞がまきついたものを髄鞘といいます。**髄鞘は絶縁保護されるため、興奮は次の髄鞘とのすきま（ランビエ絞輪）を飛び石を飛ぶように伝わっていくことが可能となります（跳躍伝導）**。活動電流の速度は毎秒100 mにもなります。このような神経を有髄神経といい、髄鞘がない神経を無髄神経といいます。無髄神経では活動電流の速度は毎秒数mであり、有髄神経よりはるかに遅くなります。ニューロンに髄鞘がまきつくことを髄鞘化といいます。赤ちゃんの脳では生まれたときは無髄神経が多いのですが、同じ経験や知識が強化されていくとそこの神経回路が髄鞘化されます。

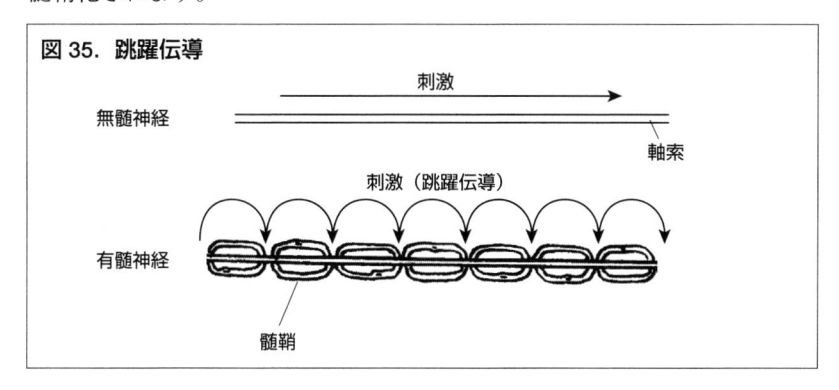

図35. 跳躍伝導

POINT 18

◆活動電位の発生はNa^+の細胞内流入が引き金
◆髄鞘化で跳躍伝導が可能になる

Chapter 2 　情報処理の細胞たち

Stage 19 筋肉
筋収縮はアコーディオンのよう

　神経の興奮が筋肉に伝えられたとき、どのように筋肉が収縮するかを考えてみましょう。

骨格筋細胞の構造

　骨格筋は多数の筋細胞の束で、筋細胞（筋線維）はさらに筋原線維という細い線維の束でできています。筋原線維を顕微鏡でみると、暗い部分と明るい部分が交互になった横しま模様のくり返しがあるので、横紋筋とよばれています。横紋筋の太いミオシンフィラメントがある部分は暗くなっているので暗帯とよび、それ以外は細いアクチンフィラメントしかないので明帯といいます。明帯の中央にはZ膜というしきりがあり、Z膜からZ膜までの間を筋節といいます。

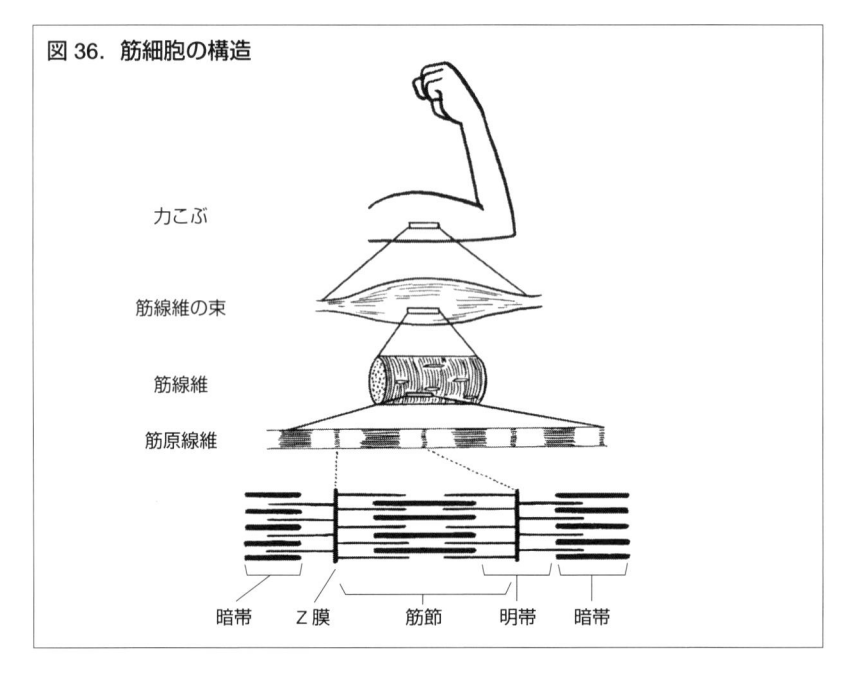

図36. 筋細胞の構造

力こぶ
筋線維の束
筋線維
筋原線維

暗帯　Z膜　筋節　明帯　暗帯

筋収縮のしくみ

横紋筋も平滑筋も収縮の基本原理はほぼ同じです。横紋筋の収縮のしくみは以下の4段階となります。

1. 神経からの興奮が伝わる

神経と筋肉の結合部である神経筋接合部に、軸索末端からアセチルコリンなどの神経伝達物質が放出されると、筋細胞はそれを受け止め、今度は筋細胞膜表面に活動電流が発生します（図31）。

2. Ca^{2+} が筋細胞の細胞質基質に増加する

活動電流の刺激により、筋細胞内の小胞体から筋細胞の細胞質基質に Ca^{2+} が大量放出されて Ca^{2+} 濃度が上昇します。

3. ミオシンが ATP アーゼとしてはたらき、ATP を分解してエネルギーを得る

Ca^{2+} が増加するとミオシンが ATP を分解し、エネルギーの取りだしが促進されます。

4. そのエネルギーでアクチンが引き寄せられ、筋肉が収縮

やがて、再び筋小胞体に Ca^{2+} が吸収され、細胞質基質内の Ca^{2+} が減るとこれらのはたらきがなくなって筋肉が弛緩します。

POINT 19

◆筋収縮…神経伝達物質→筋細胞膜に活動電位が発生→筋小胞体から Ca^{2+} 放出→ミオシンが ATP 分解→アクチンをたぐりよせる

練習問題

問1 視覚、聴覚の中枢はそれぞれどこか。

問2 脳を3分割してとらえると、大脳と何か（2つ）。

問3 ヒトの体内時計の存在場所はどこか。

問4 明るい所ではたらく瞳孔の筋肉は何か。

問5 近くをみるとき、毛様体・チン小帯はどうなっているか。

問6 薄明を感受できる視細胞は何か。そのときの物質は何か。

問7 錐体細胞が最も多い場所はどこか。

問8 盲点を起点に網膜に分布するものは何か（2つ）。

問9 盲点でみえないのは眼の外側視野と内側視野のどちらか。

問10 うずまき管にある聴覚感受部位の名称は何か。

問11 平衡感覚・回転感覚を感受する部位はそれぞれ何か。

問12 10、11が共通にもつ特徴は何か（2つ）。

問13 ヒトとチンパンジーで咽頭が長いのはどちらか。

問14 神経の電気的興奮を何というか。またその最初のしくみはどうなっているか。

問15 シナプスに放出される物質の総称は何か。

問16 細胞1個が興奮する最小限の刺激量を何というか。

解答

問1：視覚—後頭葉、聴覚—側頭葉
問2：脳幹・小脳
問3：視交叉上核
問4：瞳孔括約筋
問5：毛様体：収縮　チン小帯：弛緩
問6：かん体細胞・ロドプシン
問7：黄斑
問8：視神経・血管
問9：外側視野
問10：コルチ器
問11：平衡感覚—前庭器官、回転感覚—三半規管
問12：リンパ液で満たされる・感覚毛をもつ有毛細胞が存在
問13：ヒト
問14：伝導・Na^+の大量流入（ナトリウムポンプが開く）
問15：神経伝達物質
問16：閾値

☐ 血液
☐ 血管
☐ 血液凝固と線溶
☐ 結合組織と骨
☐ 心臓
☐ 肺
☐ 消化管
☐ 肝臓
☐ 間脳視床下部と自律神経
☐ 内分泌腺（ホルモン）
☐ 膵臓と血糖量調節
☐ インスリンのはたらきと糖尿病
☐ リンパ節
☐ 腎臓

Chapter 3
血液循環〜各駅停車の旅

　東京の山手線・大阪の環状線に乗ったことはありますか？　いろいろな駅で人が乗ったり降りたりと忙しいですね。寝過ごすとぐるぐる回ってもとの駅に戻ってきたりします。
　血液循環も同じです。内に全身を回り、いろいろな臓器でホルモンなど物質を積んだり降ろしたりします。それでは、血液循環各駅停車の旅にでかけましょう。

Chapter 3　血液循環〜各駅停車の旅

Stage 20　血液
1 mm³ に 500 万個もある赤血球

　駅と駅を結んでいるのは電車ですね。体の中で臓器と臓器を結びつける役割をしているのは血液です。血液は、肺や腸から酸素や栄養を吸収して各細胞に送り届ける一方で、二酸化炭素・老廃物を運び去り、肺や腎臓から排出しています。また、血液はホルモンを運ぶ役目もするので、臓器間のコミュニケーションの手助けをしています。

　ヒトは毎日水を取り入れ、尿・汗・呼気・糞便からほぼ同じ量の水をだして水分率を保ち続けています。体重に占める水分の割合は約 65 ％で 40 ％は細胞内に、残りの 25 ％は細胞外液です。体重の約 13 分の 1 が血液ですので、体重 65 kg のヒトの血液は約 5 ℓ（5 kg）です。

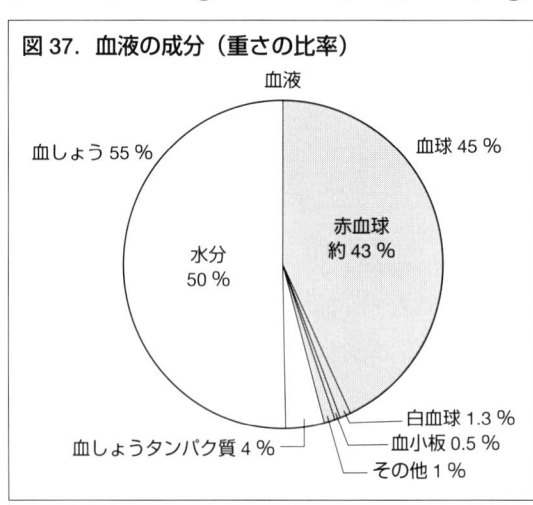

図 37．血液の成分（重さの比率）
- 血しょう 55 %
  - 水分 50 %
  - 血しょうタンパク質 4 %
  - その他 1 %
- 血球 45 %
  - 赤血球 約 43 %
  - 白血球 1.3 %
  - 血小板 0.5 %

　血液・組織液・リンパ液は、細胞をとりまく体液（細胞外液）と総称されます。おたがいに行き来しあっているので液体成分はよく似ています。血液と組織液・リンパ液と細胞内液では成分に差がありますが、水循環としてはつながっていると考えてください。そしてその中で最も早い流れをもった血液が、水循環をつなぐかなめとなっています。

血球は赤血球・白血球・血小板

　血球は、酸素運搬にはたらく赤血球、免疫にはたらく白血球、血液凝固

にはたらく血小板に分類されます。血球は骨髄でつくられ、脾臓や肝臓などで破壊されますが、寿命は血球ごとに異なります。

赤血球　血液中に最も多い成分です。1 mm^3 中に約 500 万個も入っており、中央がくぼんだ円盤状です。赤血球は生成過程で核を捨て、赤色のもととなるヘモグロビンという酸素運搬用の色素タンパク質を詰め込んでいます（→ Stage 25）。

血小板　ケガをしたときの血液凝固にはたらきます。小型で核はなく、血液 1 mm^3 あたり約 25 万個存在します。また、毛細血管は微細な構造なので、外部からの力や病原微生物などで頻繁に破れています。そこで血液はそのような内出血の場合も含めて、血液凝固と血管修復を行います（→ Stage 22）。

白血球　免疫にかかわる血球群の総称です。血液 1 mm^3 あたり約 6000 個含まれます。いろいろな種類がありますが、ヘモグロビンを含まないために白血球と総称されています。白血球は血液中では最少ですが、リンパ液・組織液に存在する比率が高く、ここでは主役です。赤血球・血小板と異なり、核があります。

血しょう（2 ℓ）　血液中の液体成分です。その 90 %は水（1.8 ℓ）、8%はタンパク質で、そのほかに脂質・血糖を含みます。血しょうタンパク質のうち半分はアルブミンで、血しょう浸透圧を構成したり、物質を結合させて輸送したりします。その他の成分として、免疫抗体などのはたらきをするグロブリン、フィブリノーゲン（血液凝固因子）、トランスフェリン（鉄運搬）、リポタンパク（脂肪運搬）などが含まれます。

POINT 20

◆体重の 1/13 が血液。血液のうち 45 %が血球、55 %が血しょう
◆血球は、赤血球、血小板、白血球
◆血しょうには血しょうタンパク質・血糖など重要な成分が溶け込む

Chapter 3 　血液循環〜各駅停車の旅

Stage 21　血管

毛細血管は地球2周半

　体中には毛細血管が張り巡らされ、その長さは10万km（地球2周半）にもなるといわれます。血管は単なるパイプではなく、さまざまなはたらきをしています。

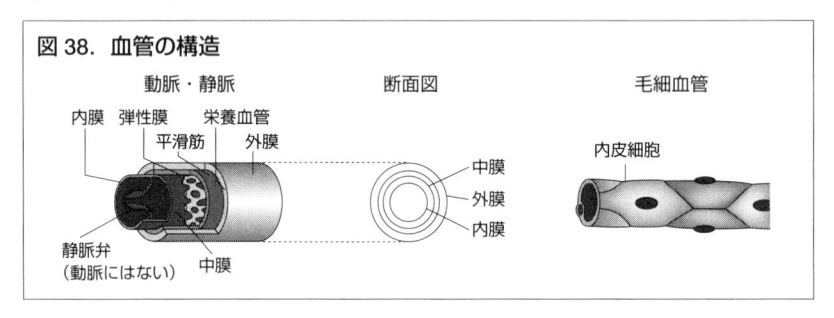

図38. 血管の構造

動脈・静脈：内膜、弾性膜、栄養血管、平滑筋、外膜、静脈弁（動脈にはない）、中膜

断面図：中膜、外膜、内膜

毛細血管：内皮細胞

　動脈、毛細血管、静脈に共通に含まれるのが、1層の細胞でできた血管内皮細胞です。毛細血管ではまわりの組織と物質のやりとりを活発に行うか否かによって、穴なしか穴ありに分類され、肝臓・脾臓では特に大きな穴が開いています。

　動脈・静脈とも中膜に収縮弛緩ができる筋肉を含みますが、動脈のほうが心臓から近くて血圧も高いために弾力が必要であり、厚い構造となっています。静脈は血圧が低くなった血液を心臓まで戻さなければいけません。**特に足・手・腹部からは重力に逆らって心臓に血液を戻さなければならないので、逆流を防ぐ弁があります。**それでも静脈単独では心臓に血液を送り返しにくく、筋肉運動がおきたとき、静脈を絞るような力がはたらいて血液が戻されます。これは運動をすると血流がよくなる理由の1つです。

　血圧は、①心臓のポンプ作用、②血液量、③血管（弾力性、ならびに収縮しているか弛緩しているか）のかね合いで決まってきます。そして運動安静状態、水分・塩分摂取量などのちがいによって変動するので、血圧をある変動幅に落ち着かせようとさまざまなはたらきをしています。①を心

臓拍動の調節、②を腎臓における水分排出量調節で行うとともに、③を平滑筋の収縮・弛緩で調節しています。

血管のつながりと循環の経路

　心臓を起点に血液循環を考えてみましょう（→ Stage 24）。心臓から全身に向かった血液は、上下の大動脈を経て各臓器に入ります。各臓器に酸素を運び終わった血液（図の濃い部分）は、大静脈を経て再び心臓に戻り、さらに右心房（上の部屋）に入ってから右心室（下の部屋）に送られます。右心室から肺動脈を経て肺に向かった血液は、肺で二酸化炭素を下ろして酸素を積んだ血液（図の薄い部分）となり、肺静脈で左心房に戻り、再び左心室にいたります。小腸と肝臓は直列で、その間は門脈が結んでいます。

　血管は傷を修復させることができますが、前の血流路が破壊された場合、新しい血管を近くの別ルートに伸ばすことができます。その血管を新生するとき、体のその部分の細胞が血管内皮増殖因子を放出して血管をよびよせます。実はがん細胞もみずからのまわりに血管を増設し、酸素と栄養を安定的に確保して増殖するのです。

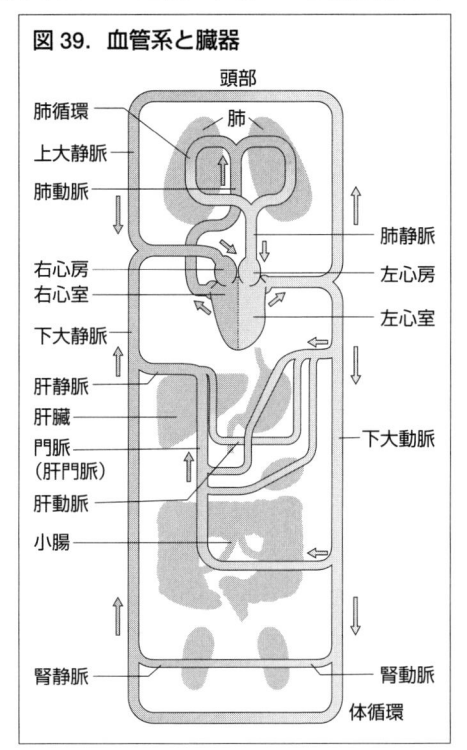

図 39. 血管系と臓器

POINT 21

◆動脈・静脈・毛細血管は共通に血管内皮細胞をもつ
◆静脈は筋肉運動のポンプにより、心臓方向へ血液を戻す
◆血圧は、血管の収縮、心臓のポンプ作用、血液の濃度など複合要因で形成される

Chapter 3　血液循環〜各駅停車の旅

Stage 22　血液凝固と線溶

かさぶたのできるしくみ

血液凝固と線溶

　ケガをしたときに大量の出血を防ぐため、体には血液を凝固させるしくみがあります。気づかないような小さな内出血でも凝固が行われています。

　出血時には、まず傷口を血小板が物理的に防ごうとします。次に血しょう内にあるプロトロンビンが損傷組織や血しょう由来のトロンボプラスチン、Ca^{2+}と血液凝固因子のはたらきでトロンビンとなります。そのトロンビンがフィブリノーゲン（線維素原）をフィブリン（線維素）にします。フィブリンに血球がからみつき、血栓（血ぺい）になり、それが傷口をふさぎます。

　外出血のときにできたかさぶたは、物理的にはがれることもありますが、内出血の場合はそうもいきません。そこで過剰につくってしまった血栓は血流のじゃまになるので、今度はフィブリンを溶かして分解する必要があります。まず、前駆体からプラスミノーゲンアクチベーターが合成され、それがプラスミノゲンをプラスミンに変えます。プラスミンはフィブリンを溶解します。これを線維素溶解（線溶）といいます。人体は気づか

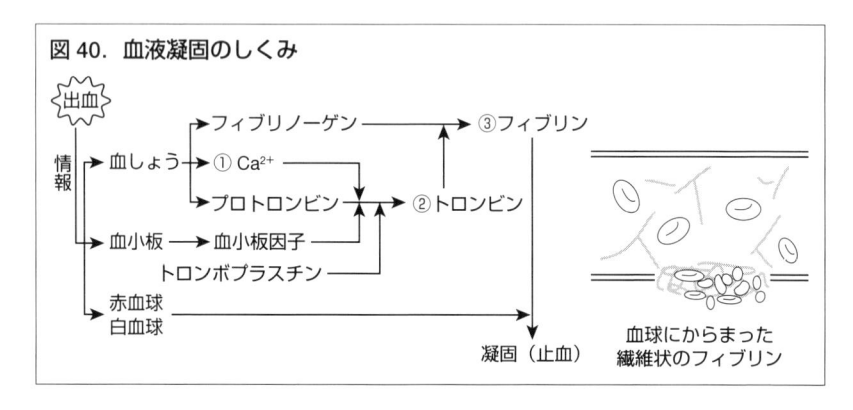

図40. 血液凝固のしくみ

なくても内出血をくり返しています。凝固・線溶系はバランスをとって制御しています。

血液凝固防止・血栓溶解療法

手術・治療時には、血液凝固を防いだり血栓を溶解したりする必要があります。そのときは、図の①②③にアプローチして止める手段があります。

1. **クエン酸ナトリウムを添加**してCa^{2+}をクエン酸に結合させて除去する（輸血用血液や採血時にはクエン酸ナトリウム添加をします）。
2. トロンビンは酵素なので、**低温にする**とそのはたらきを抑えることができる（採血した血液を貯蔵・輸送する際、低温パックにするのはこのためです）。
3. **ヘパリン**（肝臓）、**ヒルジン**（血液凝固を防ぎながら吸血するヒルの唾液腺の物質）添加でトロンビンのはたらきを抑える。
4. **ガラス棒**でかきまぜてフィブリンを除去する。

血液が凝固しないようにあらかじめ凝固させ、フィブリノーゲンなど凝固にかかわる成分を取り除いたものが医療用の血清です。

> **memo 薬害エイズと血栓溶解療法**
> 　内出血が止まりにくく関節などに障害を負いやすい血友病では、血液凝固因子が有効な治療となります。1980年代にアメリカから輸入された血液製剤にHIV（エイズウイルス）が入っていたことで、多くの血友病患者がHIVに感染した事件が薬害エイズです。

脳血管疾患の原因となる血栓を、組織プラスミノーゲンアクチベーターを投与することで溶解する方法を血栓溶解療法といいます。

POINT 22

- ◆血液凝固は、プロトロンビン→トロンビン、フィブリノーゲン→フィブリンの連続反応
- ◆血液凝固防止法—Ca^{2+}除去（クエン酸ナトリウム添加）、トロンビン阻害（低温・ヘパリン・ヒルジン添加）、ガラス棒での線維除去
- ◆過剰な血栓は線溶系（プラスミン）によって溶かされる

Chapter 3 　血液循環〜各駅停車の旅

Stage 23　結合組織と骨
血球・カルシウム・リンの故郷

骨髄〜血球たちの故郷

　骨は体を支えて筋肉の運動の起点となるだけではありません。骨の中心部は空洞になっており、骨髄とよばれます。ここには多能性幹細胞というすべての血球のもととなる細胞があり、自己増殖しながら一部が赤血球・血小板・白血球に分化していきます。そして骨の表面にあいた穴からでる血管から全身に旅立ちます。

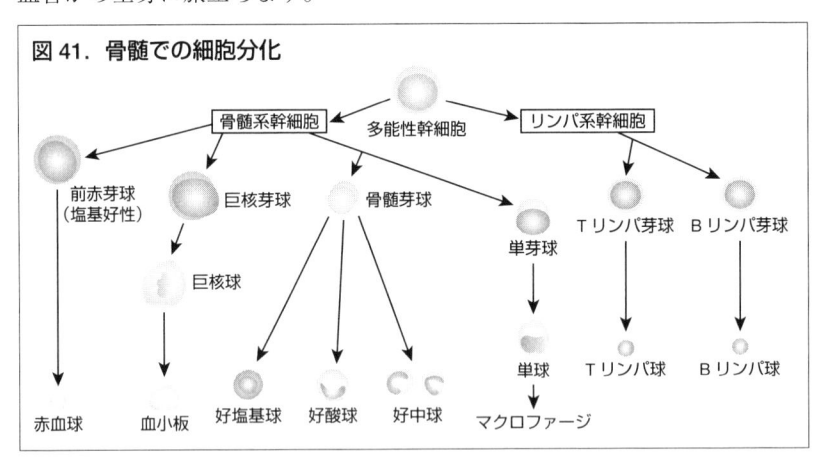

図41. 骨髄での細胞分化

多能性幹細胞 → 骨髄系幹細胞、リンパ系幹細胞

骨髄系幹細胞 → 前赤芽球（塩基好性）、巨核芽球、骨髄芽球、単芽球
　前赤芽球 → 赤血球
　巨核芽球 → 巨核球 → 血小板
　骨髄芽球 → 好塩基球、好酸球、好中球
　単芽球 → 単球 → マクロファージ

リンパ系幹細胞 → Tリンパ芽球 → Tリンパ球
　　　　　　　 → Bリンパ芽球 → Bリンパ球

骨はカルシウムとリンの銀行

　人体には約1kgのカルシウムがありますが、その99％は骨にあり、1％（10g）が細胞内と血液内などにあります。骨のCa^{2+}はリン酸と結合したリン酸カルシウムです。骨にはこのほかにコラーゲンという弾力性のあるタンパク質があります。
　Ca^{2+}は筋収縮や血液凝固などに、リン酸はATP（→ Stage 40）の原料などに使われます。細胞が使うCa^{2+}やリン酸が不足すると副甲状腺（甲

状腺の裏にある内分泌腺）が感知し、骨からそれらを溶かしだして供給します。また、過剰になると骨に貯蔵します。骨は Ca^{2+} とリン酸の銀行なのです。

入れ替わる骨

骨には古くなった骨基質を破壊吸収する**破骨細胞**と、破壊した部分に新しい骨基質を埋め込んでいく**骨芽細胞**があります。骨芽細胞は、はじめは骨内部の血管壁などに存在しています。破骨細胞のはたらきでできた骨の空洞部分に移動し、そこで骨基質をだし、その基質にみずから埋まって**骨細胞**になります。全体が完全に入れ替わるのに数年かかるものもありますが、少しずつ入れ替わっているのです。

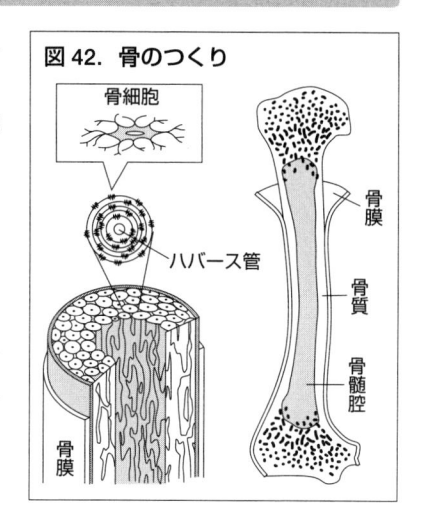

図42. 骨のつくり

骨芽細胞に比べて破骨細胞が過剰にはたらくと、骨から骨基質が失われてスカスカとなる骨粗鬆症になりやすくなります。女性の場合、閉経後のホルモン（エストロゲン）不足がこの要因の1つとなります。

骨＝骨細胞（破骨・骨芽細胞含む）＋骨基質
血液＝血球（細胞成分）＋血しょう（液体成分）

多細胞生物の結合組織を形づくるコラーゲン

コラーゲンは化粧品の保湿材・食品の粘性を高める物質として使われますが、多細胞生物の体の最多のタンパク質として幅広く使われています（化粧品・食品のものはその一部を加工利用したもの）。三重らせん構造をしており、これが弾力の秘密です。

POINT 23

◆骨髄には多能性幹細胞があり、すべての血球をつくりだす
◆骨はカルシウム・リン銀行

Chapter 3 | 血液循環～各駅停車の旅

Stage 24 心臓
心臓は4つの部屋でできている

　それではこれから、血液の流れに沿って全身を回っていきましょう。まずは心臓（始発駅）と血液（電車）の方向の整理です。

　心臓の拍動による血液の送りだし（心拍出量）は、安静時で毎分70回、1回に70mℓ程度です。どの循環に向かうかで差がありますが、血液はおおよそ1分以内に体を一巡すると考えてよいのです。

血液は脳・肝臓・腎臓・筋肉に1ℓずつ存在

　あなたの血液（男性なら約5ℓ、女性なら約4ℓ）は、特にどの臓器に分布しているのでしょうか？　通常は、脳・肝臓・腎臓に1ℓずつ、そのほかに1ℓ存在します。筋肉は全身あわせて1ℓであり、特定の部分に集中しているわけではないので、特定臓器としては脳・肝臓・腎臓（腎臓は左右の合計）がいかに「肝腎」かわかりますね。ただし、運動時には血流量が増え、その分は筋肉や皮膚に集中します。

　心臓は4つの部屋に分かれています。上の部屋は血液が戻ってくる部屋で心房といいます。辛抱（心房）強く血液のかえりを待っています。一方、下の部屋は血液を肺や全身に送りだす部屋で心室といいます。いつも進出（心室）を狙っています。血液体循環の出発点となる左心室は、肺だけの循環でよい右心室に比べ、より強い力で拍出しなければなりません。したがって左心室の壁のほうが厚くなっています。

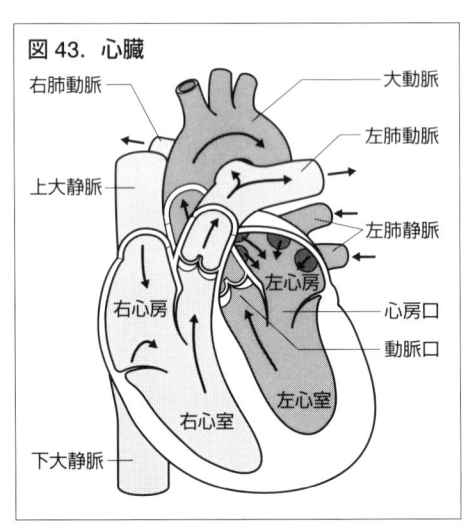

図43. 心臓
右肺動脈／大動脈／左肺動脈／上大静脈／左肺静脈／右心房／左心房／心房口／動脈口／左心室／右心室／下大静脈

右心房には洞房結節（ペースメーカー）という心拍リズムをとる筋肉があり、刺激伝導系という筋肉系が心臓全体に張り巡らされ、それが心拍を規則正しくしています。このペースメーカーは神経刺激がなくても動き続け、それを自動能といいます。しかしその速度は神経やホルモンにより調整されます（→ Stage 28）。

心臓は冠動脈に支えられている

血液循環ポンプである心臓も、そのエネルギー源となるグルコースは血液から供給されています。

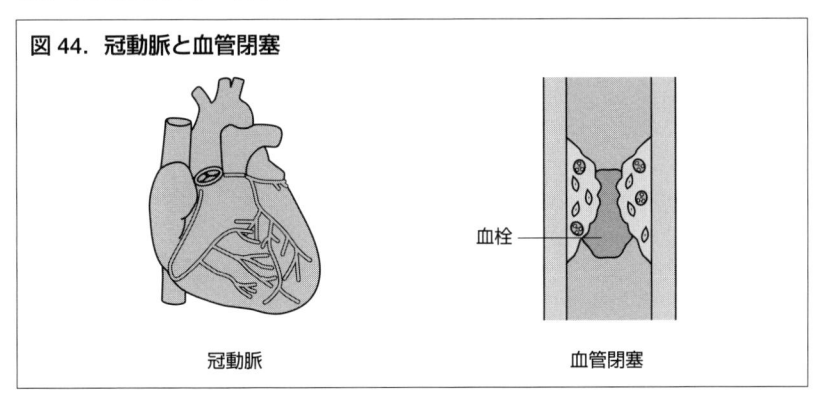

図44. 冠動脈と血管閉塞

冠動脈　　　　　　　　　血栓　　　　血管閉塞

それは心室や心房にある血液を使っているのでなく、大動脈から独自の動脈（冠動脈）を引き込み、外側から心臓に栄養や酸素を与えます。その冠動脈はコレステロールなどで詰まりやすく、詰まってしまうとそれより先端に酸素やグルコースが供給されなくなり、その先端部の細胞は酸素栄養不足状態、壊死することもあります。これが心臓発作などの原因となります。急性心筋梗塞においては、心室が細かくブルブル震え、ポンプ作用を停止する（心室細動）ことで命とりになるのはその症例の1つです。このための救命機器が、近年各地に配備が進められているAED（除細動器）です。

POINT 24

◆血液は脳・肝・腎・筋・そのほかに各1ℓずつ存在
◆血液は心室からでて心房へ戻る
◆心臓への酸素・グルコースは冠動脈が供給する

Chapter 3　血液循環〜各駅停車の旅

Stage 25　肺
O_2・CO_2・ヘモグロビンは三角関係

　全身の静脈から集められた血液は、右心室から肺に送られます。この肺は血液中の二酸化炭素を捨て、代わりに酸素を赤血球に積み込む場所となります。肺では平均して1分間に500mlのガス交換が15回行われるので、毎分7.5lもの空気を出し入れしていることになります。

　肺は左右に1つずつあり、小さな部屋である肺胞が両方で6億個存在し、その総表面積は60 m^2 にもなります。その広い面積で効率的なガス交換が行われます。

　酸素は赤血球が運びます。赤血球中にはヘモグロビンという色素タンパク質があり、これは鉄原子を含んでいます。この鉄原子の部分に酸素を結合して運びます。その結合箇所は1つのヘモグロビンに4箇所あり、酸素濃度の差によって1から4分子まで段階的な運搬が可能です。鉄に酸素が結合するのは、基本的には鉄サビと同じ原理であり、赤血球が赤くみえるのはこのためです。

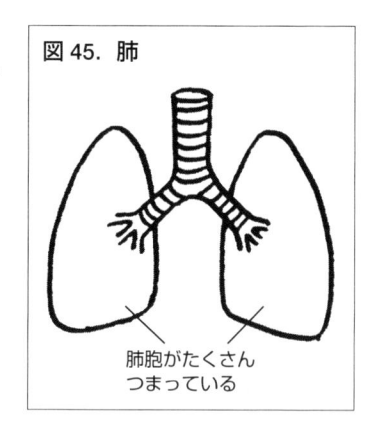

図45. 肺

肺胞がたくさんつまっている

　肺など酸素が多いところではヘモグロビンは酸素を結合し、組織末端で酸素が少ないところでは逆に離します。これは濃度差による拡散ですが、その仲立ちを血液循環がしているのです。

酸素解離曲線

　図46は、各酸素・二酸化炭素濃度（分圧）において、酸素と結合したヘモグロビン（Hb）の比率が何％になったかを示した酸素解離曲線です。ヘモグロビンの役割は、みずからが酸素を結合することだけでなく、解離して組織に渡すことも重要であることをよく表した図です。

図46. 酸素解離曲線

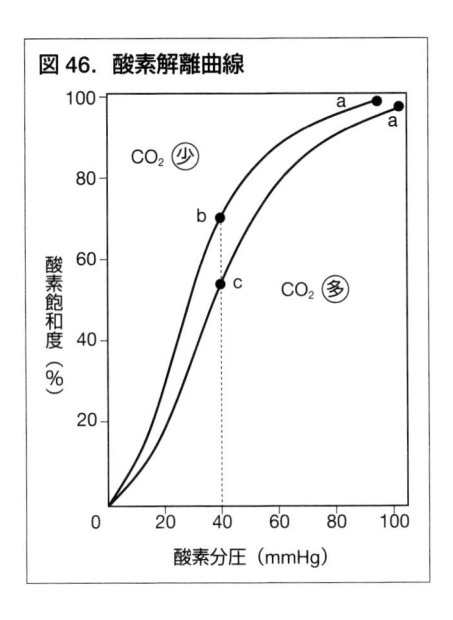

　ヘモグロビンには、酸素だけでなく二酸化炭素も結合できます。たとえば同じ 40 mmHg 酸素分圧の条件でも、二酸化炭素が少ないとbになるのに対し、二酸化炭素が多いと酸素との結合が阻害されてcとなります。

　肺は酸素が多く二酸化炭素が少ない状態aなので、もし二酸化炭素の影響がなければa－bの酸素しか組織に渡せないことになります。しかし末端組織は呼吸によって二酸化炭素が多くなっているため、a－cの酸素を組織に渡すことができて効率的です。

　さらに筋肉をウオーミングアップしておくと、そのときの発熱に伴う温度上昇などでも酸素解離曲線は右にシフトするので、効率的に酸素を運搬できます。

memo　ヘモグロビン（Hb）に結合する物質で最も恐ろしいのは一酸化炭素で、その結合力は酸素の 200 倍もあり、微量でもヘモグロビンを独占してしまいます。一酸化炭素が 0.1 ％になるだけでヘモグロビンが一酸化炭素に独占されて酸素が運べないため、死にいたります（内部窒息といいます）。

POINT 25

◆肺は1分間に1回 500 mℓ・15 回のガス交換を行う
◆酸素を結合させて運ぶのは、鉄を含むヘモグロビン
◆二酸化炭素との競合関係が酸素解離を促す

Chapter 3 　血液循環〜各駅停車の旅

Stage 26　消化管
胃酸で胃が消化されないわけ

　消化とは、栄養分として取り込んだ大型分子を加水分解することです。そのとき、物質の種類や大きさに合わせた消化酵素（加水分解酵素）が唾液・胃液・膵液・腸液に含まれて分泌され、加水分解を促進します。

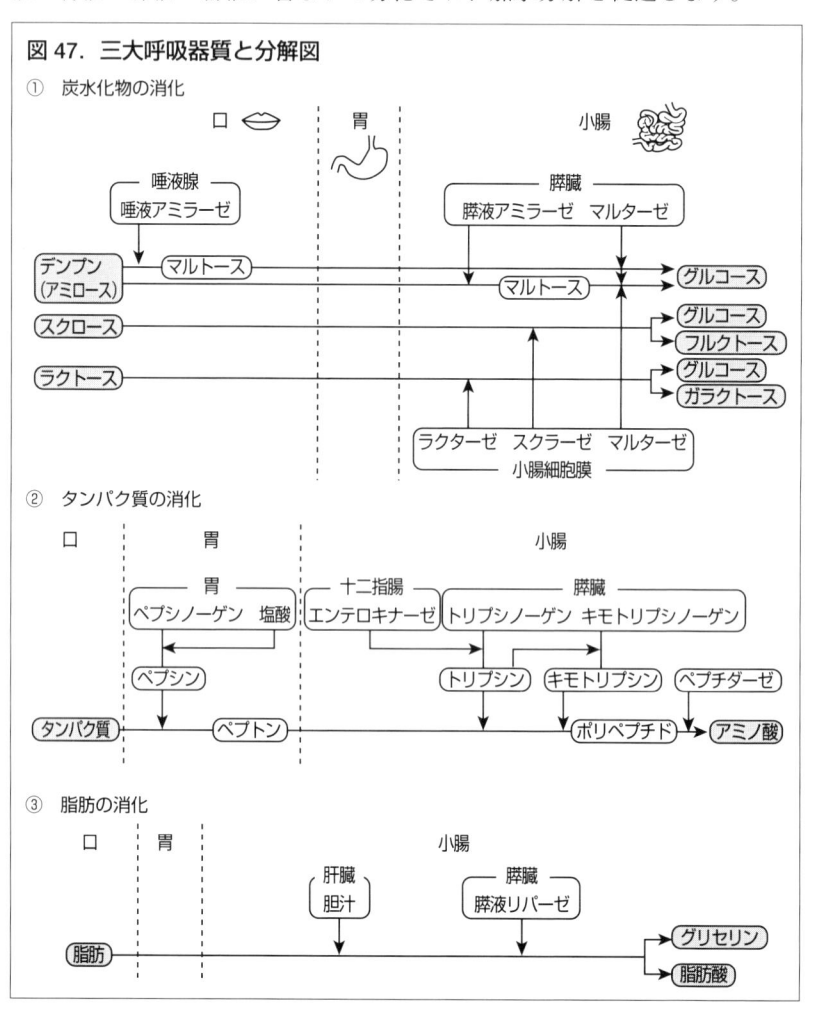

図 47. 三大呼吸器質と分解図

① 炭水化物の消化

- 唾液腺：唾液アミラーゼ
  - デンプン（アミロース）→ マルトース
- 膵臓：膵液アミラーゼ、マルターゼ
  - マルトース → グルコース
- 小腸細胞膜：ラクターゼ、スクラーゼ、マルターゼ
  - スクロース → グルコース、フルクトース
  - ラクトース → グルコース、ガラクトース

② タンパク質の消化

- 胃：ペプシノーゲン、塩酸 → ペプシン
  - タンパク質 → ペプトン
- 十二指腸：エンテロキナーゼ
- 膵臓：トリプシノーゲン、キモトリプシノーゲン → トリプシン、キモトリプシン、ペプチダーゼ
  - ペプトン → ポリペプチド → アミノ酸

③ 脂肪の消化

- 肝臓：胆汁
- 膵臓：膵液リパーゼ
  - 脂肪 → グリセリン、脂肪酸

①炭水化物の消化

　穀物に含まれるデンプンは、グルコースが多数つながった数珠状分子です。デンプンは、まず唾液に含まれるアミラーゼのはたらきによってグルコースが2つ結合したマルトース（麦芽糖）に分解され、次に膵液・腸液から分泌されるマルターゼによってグルコースに分解されて吸収されます（未消化のデンプンを分解するため、膵液にもアミラーゼが含まれます）。スクロース（ショ糖）は腸液からのスクラーゼでグルコースとフルクトース（果糖）に、ラクトース（乳糖）は腸液からのラクターゼでグルコースとガラクトースに分解されて吸収されます。

②タンパク質の消化

　タンパク質は、まず胃液由来のペプシンのはたらきによってペプトンに分解されます。

　ここでペプシンは胃壁のタンパク質自体を分解してしまう危険性があるため、胃は粘液によって保護されるとともに、ペプシンは不活性型のペプシノーゲンとして放出されます。そして胃に分泌されたあとで、胃液に含まれる塩酸のはたらきによってペプシンに変換されます。

　次にペプトンは、膵臓からのトリプシン・キモトリプシンのはたらきでポリペプチドにまで分解されます。この2つの酵素も不活性型で分泌されてから活性化されます。膵液は弱アルカリ性で、胃液の酸性を中和します。最後にポリペプチドは腸液のペプチダーゼのはたらきでアミノ酸まで分解され吸収されます。

③脂肪の消化

　脂肪はまず肝臓で合成されたのち、胆汁のはたらきで乳化されます（乳化＝物理的に細かい塊に分解し腸内の液中に分散させること）。その後、膵液からのリパーゼで脂肪酸とグリセリンに分解されて吸収されます。

POINT 26

◆各食品中の有機物に応じた消化酵素がある
◆塩酸などが酵素のはたらきやすい状態をつくる

Chapter 3 血液循環〜各駅停車の旅

Stage 27 肝臓
体の中の化学工場

　右腹に重さ 1.5 kg にもおよぶ大きな肝臓があります。肝細胞はさまざまな化学反応を行う化学工場のようなはたらきをしている酵素の宝庫です。

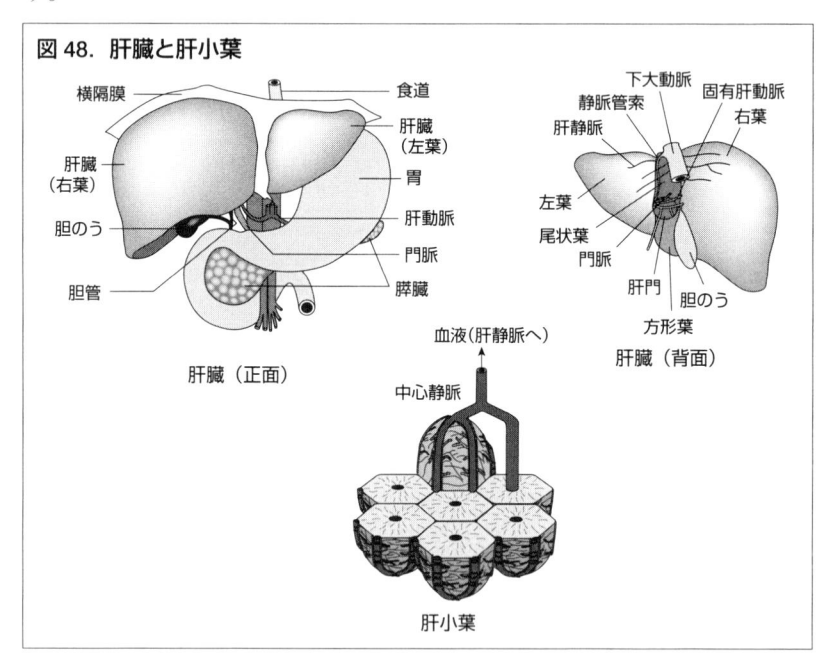

図 48. 肝臓と肝小葉

　肝臓には、心臓から送られてくる酸素が豊富な肝動脈と、小腸から消化吸収したばかりの栄養分を多く含んだ門脈という 2 つの血液が流れ込みます。一方、肝静脈と胆管から血液がでていきます。肝臓は大きさ 1 mm 四方ほどの基礎単位である肝小葉の集合体であり、肝細胞全体で 2500 億個（基礎単位の肝小葉 50 万個×肝小葉あたりの細胞数 50 万個）にもなります。肝小葉には門脈・肝動脈由来の血液が流れ込みます。肝小葉の中は細胞が一列に並んだすぐ脇を毛細血管が流れ、毛細血管とすべての肝細胞が接触するようになっており、門脈から栄養分を吸収して化学反応をしやす

表 3．肝臓の機能

1.	過剰なグルコース・アミノ酸・脂質をグリコーゲン・タンパク質・脂質として蓄え、必要なときに供給する
2.	代謝過程において発熱する（全熱量の 20 %）
3.	解毒作用（アルコールの解毒も行う）
4.	オルニチン回路を介して尿素を合成する
5.	古くなった赤血球を破壊する

い構造となっています。最後に血液は中心静脈に集まり、肝静脈から心臓に戻っていきます。

memo 　便（ウンチ）の色は、十二指腸に分泌される胆汁の色です。胆汁は胆のうでつくられるのではありません。肝臓でつくられ、胆のうで濃縮されて分泌されます。胆のうでは貯蔵・濃縮しているだけなので注意してください。

　胆汁は、胆汁酸、コレステロール、ビリルビンなどの混合物です。ビリルビンは、肝臓が古くなった赤血球のヘモグロビンを分解した産物で茶色の色素です。ビリルビンの一部は腸内細菌でウロビリノーゲンに変化し、便の茶色になります。ウロビリノーゲンの一部は腸から吸収され、肝臓で再利用されて胆汁の成分になりますが、それ以外は血液を経て腎臓から尿の色を黄色にします。

尿素合成は肝臓・尿素排出は腎臓

　体内でタンパク質などが分解されるとアンモニアができます。アンモニアは有毒なので肝臓で二酸化炭素と結合させて低毒の尿素に変換します。尿素自体はアンモニア 2 分子を二酸化炭素でつなぎ合わせたような分子です。この過程を尿素回路（オルニチン回路）といい、回路を回すためには ATP のエネルギーが必要です。合成された尿素は腎臓で濃縮されて排出されます。

POINT 27

◆肝臓は肝小葉を基礎単位とし、代謝や発熱の中心臓器である
◆胆汁生成を行い、脂肪の消化を助ける
◆毒性の強いアンモニアから尿素を合成する（排出は腎臓）

Chapter 3 血液循環〜各駅停車の旅

Stage 28 間脳視床下部と自律神経
血液の総合チェックセンター

　脳はわずか3分間酸素が不足すると細胞死がはじまります。そのため、救命救急では救急隊がくるまでの間に、現場に居合わせた人が心肺蘇生術（心臓マッサージ・人工呼吸）に取り組む必要性があるわけです。

　大脳や小脳は血液からの酸素や栄養を消費する側ですが、脳幹、なかでも間脳は、血液の状態を総合チェックし、ホルモン分泌や自律神経へ指令をだす役割をしています。

間脳視床下部〜血液成分をチェックする恒常性の総合中枢

　外界の状態が変化しても、無意識に体液状態（内部環境）を一定に保つ性質を**恒常性**といいます。「血糖量＝0.1％」「体液浸透圧＝0.9％」「体温＝37℃」などがその例です。間脳視床下部は恒常性の総合中枢です。間脳視床下部に分布する毛細血管には穴が開いていて、血液成分を直接細胞が感受することができます。それによって血液成分をチェックし、恒常性に関する指令をだします。

　恒常性維持のため、視床下部はホルモンや自律神経を介して臓器などに指令をだします。自律神経は間脳から直接でているのでなく、その自律神経をだす部分（中脳・延髄・脊髄）を刺激します。

　自律神経は交感神経と副交感神経に分類できます。**交感・副交感神経は同じ臓器に両者が分布していることが多く、交感神経は促進に、副交感神経は抑制にはたらいています。**ただし消化管は、体が興奮状態のときは休息し、体が休息したときは興奮します。ストレスで消化が悪くなり、食後ゆったりすると消化がよいことからもわかりますね。また寒いときと暗いときは、体を体温維持や情報獲得のために興奮させる交感神経が活動します。

　ただし、皮膚血管や立毛筋には副交感神経が分布していません。神経細胞間で情報を伝達する神経伝達物質は、交感神経ではノルアドレナリン、

副交感神経ではアセチルコリンです。

表 4. 交感神経と副交感神経の拮抗作用

自律神経	瞳孔	呼吸運動	心臓拍動	血管	立毛筋	消化管運動	血糖量
交感神経（ノルアドレナリン）	拡大	促進	促進	収縮	収縮	抑制	上昇
副交感神経（アセチルコリン）	縮小	抑制	抑制	分布しない	分布しない	促進	低下

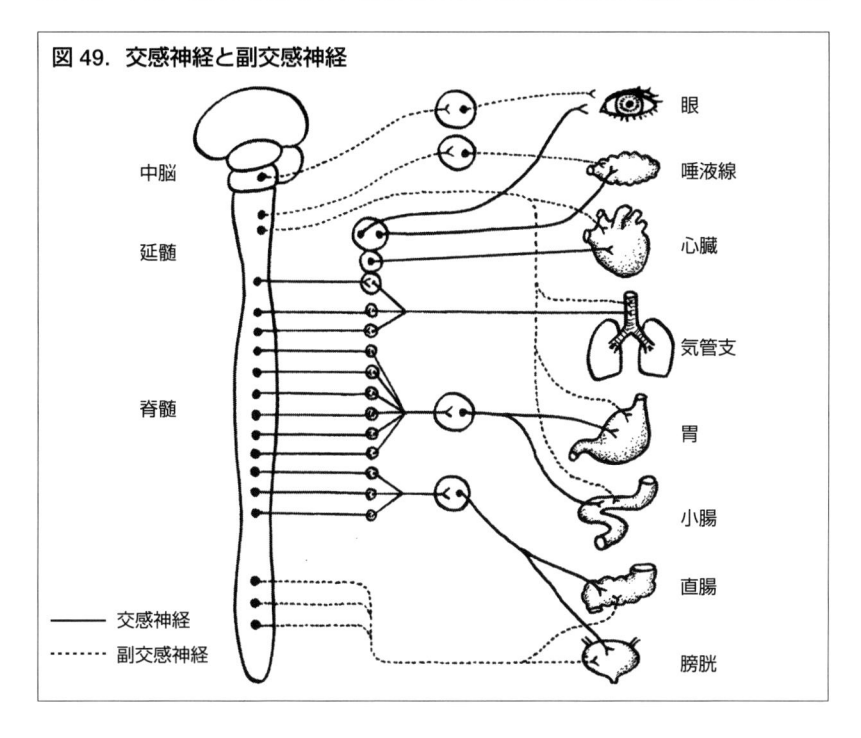

図 49. 交感神経と副交感神経

中脳
延髄
脊髄

眼
唾液線
心臓
気管支
胃
小腸
直腸
膀胱

―― 交感神経
‥‥ 副交感神経

POINT 28

◆ホルモンと自律神経は共同しながら恒常性維持にはたらき、その総合中枢は間脳視床下部である
◆交感神経・副交感神経は無意識に体を興奮・休息させる神経
◆交感神経は脊髄のみから、副交感神経は中脳・延髄・脊髄からでる

Chapter 3 血液循環〜各駅停車の旅

Stage 29 内分泌腺（ホルモン）
で過ぎたら減らし、減りすぎたらだす

　ホルモンは体のさまざまな場所にある分泌器官（内分泌腺）から血流に分泌され、血液循環で全身を回ったうえで特定の受容体（レセプター）をもつ標的器官にはたらきます。

脳下垂体〜間脳の補佐官

　図のように間脳視床下部の下には脳下垂体がついていて、前葉・後葉に分かれます。脳下垂体は、間脳視床下部からの血液と神経による指令を受け、さまざまなホルモンを分泌する場所です。

　図52は体内ではたらいているホルモンの主なものを示したもので、命令する・命令される関係にあるものを上下に示しています。

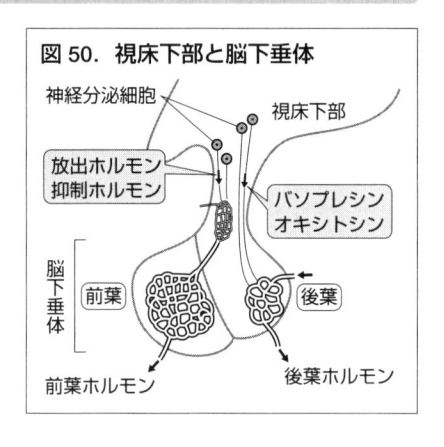

図50. 視床下部と脳下垂体

その命令関係の特徴から3つのグループに分けることができます。

①間脳視床下部・脳下垂体の支配下にあるグループ
②自律神経の影響下にあるもの（自己チェックもあり）
③自己チェック制御グループ（パラトルモン、ガストリン、セクレチンなど）

フィードバック制御のしくみ

　間脳視床下部は常に血液のさまざまな成分や状態をチェックしています。また、特定ホルモンが分泌されすぎていないか、少なすぎないか、などもチェックしています。

　チロキシンを例に説明すると、チロキシンが減りすぎた場合、それを間

Stage 29　内分泌腺（ホルモン）

脳視床下部や脳下垂体前葉が感知し、甲状腺刺激ホルモン放出ホルモンや甲状腺刺激ホルモンを分泌して、チロキシンを増やすようにします。逆に、増えすぎるとそれを感知し、放出ホルモンや刺激ホルモンを減らし、チロキシンを減らそう

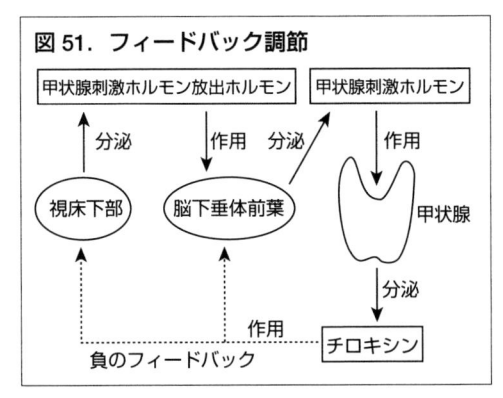

図51. フィードバック調節

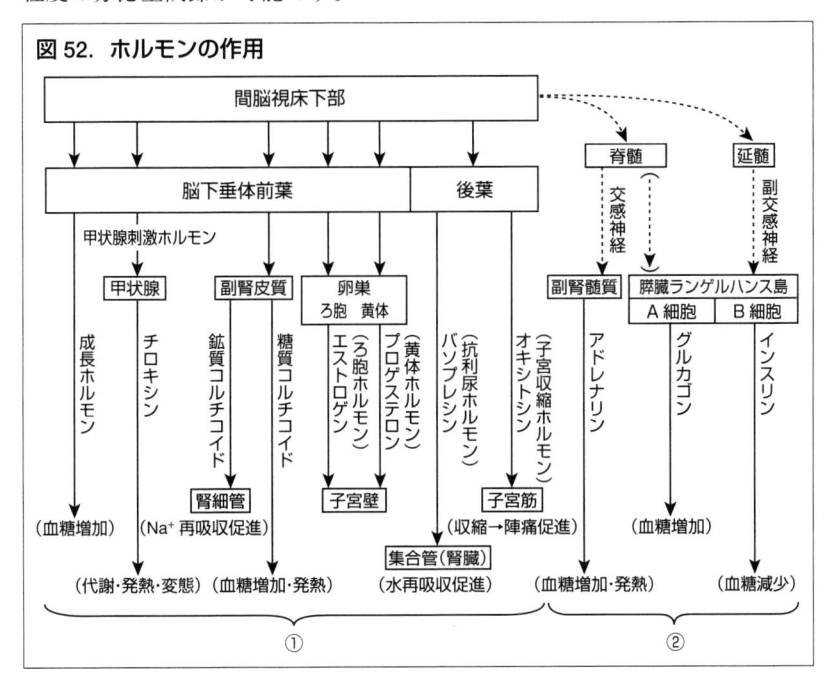

甲状腺刺激ホルモン放出ホルモン → 分泌 → 視床下部
作用 → 分泌 → 甲状腺刺激ホルモン → 脳下垂体前葉
作用 → 甲状腺 → 分泌 → チロキシン
作用 → 負のフィードバック

とします。このようにしてホルモンを適量に調整することを**フィードバック調節**といいます。脳下垂体自体も、間脳視床下部の指令がなくてもある程度の分泌量調節が可能です。

図52. ホルモンの作用

間脳視床下部
→ 脳下垂体前葉・後葉
→ 脊髄（交感神経）・延髄（副交感神経）

脳下垂体前葉：
- 甲状腺刺激ホルモン → 甲状腺 → チロキシン（代謝・発熱・変態）
- 成長ホルモン（血糖増加）
- → 副腎皮質 → 鉱質コルチコイド（腎細管 Na⁺再吸収促進）、糖質コルチコイド（血糖増加・発熱）
- → 卵巣 ろ胞・黄体 → （ろ胞ホルモン）エストロゲン、黄体ホルモン プロゲステロン → 子宮壁

後葉：
- （抗利尿ホルモン）バソプレシン → 集合管（腎臓）（水再吸収促進）
- （子宮収縮ホルモン）オキシトシン → 子宮筋（収縮→陣痛促進）

脊髄 交感神経 → 副腎髄質 → アドレナリン（血糖増加・発熱）

延髄 副交感神経 → 膵臓ランゲルハンス島
- A細胞 → グルカゴン（血糖増加）
- B細胞 → インスリン（血糖減少）

①（前葉・後葉系）　②（自律神経系）

POINT 29

◆脳下垂体は間脳視床下部の補佐官
◆ホルモンはフィードバック調節される

Chapter 3 　血液循環〜各駅停車の旅

Stage 30 膵臓と血糖量調節

糖の「貯金」と「消費」

　膵臓は消化液を分泌する消化腺（＝外分泌腺）であるとともに、血糖量調節にかかわるホルモンを分泌する内分泌腺でもあります。膵臓の内分泌腺は島状に細胞が集合しており、膵島、あるいは発見者名からランゲルハンス島とよんでいます。

　腺とは体内で物質を含んだものを分泌する細胞の集合体であり、小胞体・ゴルジ体が発達しています。腺には、体外に分泌する導管をもつ外分泌腺と、導管はなく直接隣接する体内（血液）に分泌する内分泌腺があります。消化管内は口・肛門で体外とつながっているため、外分泌腺ですので注意してください。

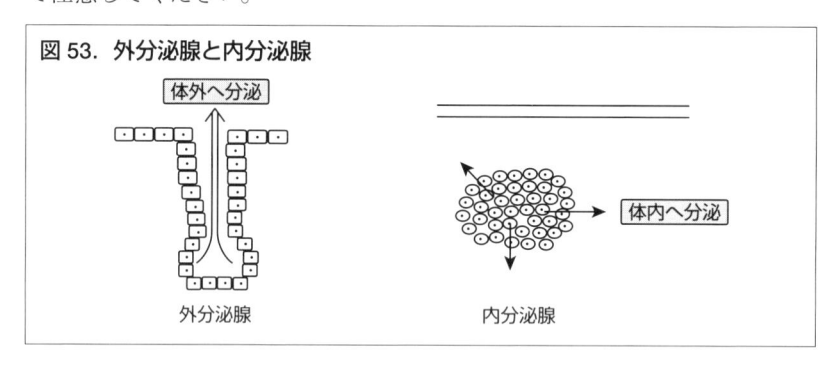

図 53. 外分泌腺と内分泌腺

血糖量調節ー0.1％に保つしくみ

　膵臓が特に活躍するのは血糖量調節です。細胞にとっての最大の栄養分はグルコース（糖）で、酸素と並んで生体に欠かせないものです。血液は糖を常に運んでいなければなりません。グルコースは少なすぎると栄養不足をおこしますし（低血糖症）、多すぎても尿から逃げてしまいます（0.16％が上限。糖尿病）。食後に大量の糖が入ってきて、食前や運動後は糖が減ります。その血糖量を常にチェックして0.1％に保とうとしているのが間脳視床下部や膵臓です。

図 54. 血糖値の調節

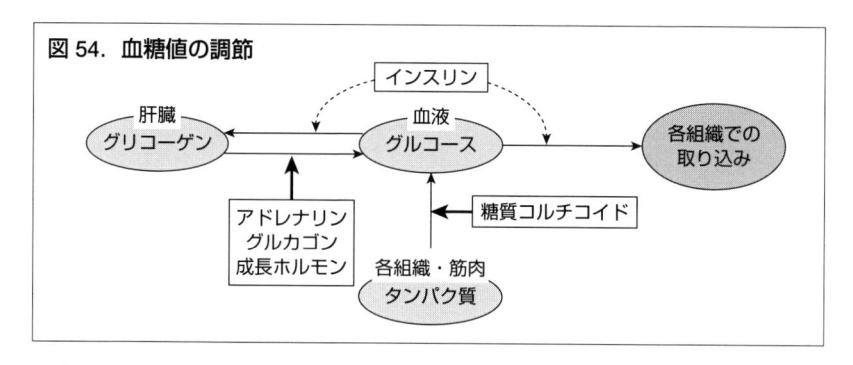

血糖調節のしくみ

血糖低下時

　上図で→が血糖低下時の流れで、まず間脳視床下部や脳下垂体が感知すると、副腎髄質からアドレナリンが分泌されます。また、脳下垂体前葉から成長ホルモンが分泌されます。そして膵島 A 細胞からはグルカゴンが分泌されます。膵島は交感神経に刺激されながらもみずからの血糖低下をチェックし、グルカゴンを分泌します。この 3 つはともに肝臓・筋肉の貯蔵グリコーゲンの分解を促進して糖を供給させます。

　また、副腎皮質から分泌される糖質コルチコイドは、筋肉など体の組織のタンパク質分解を促進して糖を供給させます。

血糖上昇時（食後）

　図 54 で⇢が血糖上昇時の流れです。血糖上昇時は、膵島 B 細胞がそれを感知します。また、視床下部が感知し、延髄から副交感神経を通じて、B 細胞を刺激する経路もあります。B 細胞はインスリンを分泌し、肝臓・組織への糖の取り込みを促進することによって血糖を低下させます。肝臓では、特に糖はグリコーゲンへの合成が促進されます。

POINT 30

◆膵臓は内分泌腺・外分泌腺の両方をもつ
◆血糖を上昇させるのはアドレナリン・グルカゴン・成長ホルモン・糖質コルチコイド、低下させるのはインスリン

Chapter 3 ｜ 血液循環〜各駅停車の旅

Stage 31 インスリンのはたらきと糖尿病
ホルモンのアンテナ「レセプター」とは？

　前のStageで、インスリンのはたらきによって血糖が低下することを学びました。この血糖低下のしくみがうまくはたらかないのが糖尿病です。糖尿病になると高血糖が続き、尿に糖が分泌され、口渇・多尿から血管障害や網膜症といった症状まで引きおこされます。

糖尿病の分類

　糖尿病はさまざまな原因がからむ多因子疾患です。糖尿病は主に1型・2型に分類されます。小児先天性糖尿病の多くは1型であり、2型の多くは成人以降に発病する生活習慣病です。

　1型はB細胞が自分の免疫系に攻撃されるため、インスリンが十分に合成できないことによる糖尿病です。インスリンを注射することによって治療されます。

　2型は1型と異なり、B細胞の機能低下によるインスリン分泌障害と組織のインスリン抵抗性の増大が原因となります。この両者がどのような比率で関与するかは人によって異なります。

「インスリン抵抗性」「レセプター病」とは？

　2型糖尿病の原因の1つであるインスリン抵抗性では、血中に十分なインスリンがあっても、組織がインスリンを受け止めることができずに糖尿病になってしまいます。インスリン不足による1型とは異なるしくみです。

　では、インスリンが十分あるのになぜ血糖が低下しないのでしょうか？ それは、インスリンを受け止め、糖の吸収を促進すべき組織の細胞がはたらかないからです。その原因の1つが図55にあるようなレセプター病です。ホルモンが作用する器官の細胞表面には、ホルモンを受け止めるレセプターというアンテナのようなものがあり、そのレセプターがホルモンを

受け止めることによって細胞がそのホルモンの指令に基づく作用をします。組織のインスリンレセプターが減ってしまったり、形が異常になると、インスリンがいくら血中にあっても指令を受け止められないため、糖の取り込みを行うことができません。インスリンの指令に組織が抵抗しているようにみえるので、インスリン抵抗性とよばれます。このように、ホルモンが十分存在してもレセプターが変異することによっておこる病気をレセプター病と総称します。

この他に、ホルモン遺伝子の突然変異によってホルモンの分子形が変わることにより、インスリンがレセプターと結合できなくなることによって糖尿病となることもあります。

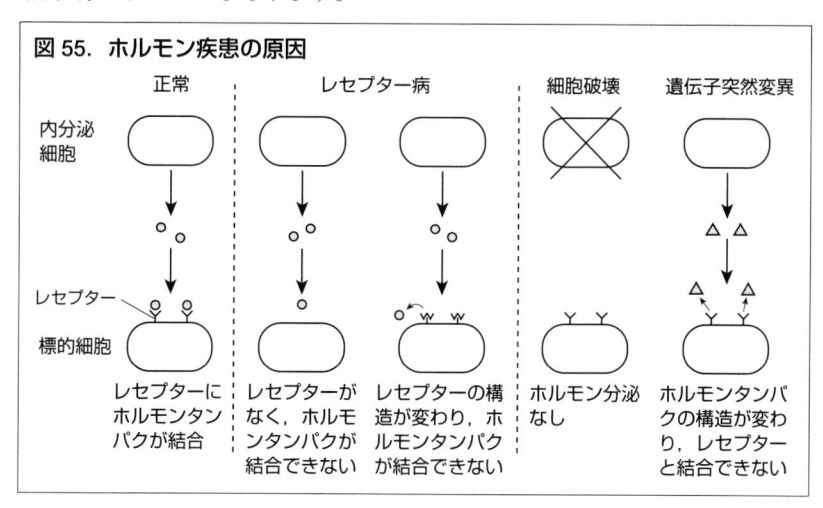

図 55. ホルモン疾患の原因

	正常	レセプター病		細胞破壊	遺伝子突然変異
内分泌細胞				✕	
標的細胞（レセプター）	レセプターにホルモンタンパクが結合	レセプターがなく、ホルモンタンパクが結合できない	レセプターの構造が変わり、ホルモンタンパクが結合できない	ホルモン分泌なし	ホルモンタンパクの構造が変わり、レセプターと結合できない

家のテレビが映らない原因に例えると次のようになります。
1. テレビ局が電波を発信していない（細胞破壊）
2. テレビ局が異常電波を発信している（遺伝子異常）
3. 家にアンテナがないか壊れている（レセプター病）

POINT 31

◆膵島B細胞に糖が入るとインスリンを分泌し、それを肝・筋細胞がレセプターで受け止めると、糖が吸収され血糖が減る

Chapter 3　血液循環〜各駅停車の旅

Stage 32　リンパ節
4つの防波堤、免疫

　免疫系の主役は白血球です。白血球は、赤血球でも血小板でもないものという意味で名づけられたものであり、3つの細胞群に分類できます。

表5. 白血球の分類とはたらき

名称			はたらき
単球（マクロファージ）			食作用と抗原提示
顆粒球	好中球（中性色素に染まる）		食作用の中心
	好酸球（酸性色素に染まる）		寄生虫に対する免疫
	好塩基球（塩基性色素に染まる）		アレルギー反応に関与する
リンパ球	T細胞	ヘルパーT細胞	B細胞やキラーT細胞を活性化する
		キラーT細胞	細胞性免疫
		サプレッサーT細胞	免疫反応を抑える
	B細胞		抗体を産生する
	NK細胞		主にがん細胞に対する免疫を担う

病原菌・異物への4つの防波堤

第一の防波堤〜粘膜

　口・鼻・消化管などの病原体が進入する場所は粘膜におおわれています。リゾチームという抗菌物質や腸内共生細菌によって病原菌から防御されています。

第二の防波堤〜好中球などによる食作用（貪食）

　粘膜防波堤を突破されたり、傷口から血液に進入された病原菌に対しては、好中球という白血球がパクパク食べる食作用で対抗します。

第三の防波堤〜B細胞（リンパ球）の抗体産生による防御

　食作用で防ぎきれず、体内で増殖する病原体に対しては、その病原菌の細胞膜表面物質（**抗原**＝異物）などの情報をマクロファージが取得し、それをヘルパーT細胞という指令役に伝えます。ヘルパーT細胞がB細胞を活性化する物質（サイトカイン）を放出することによって

B細胞が増殖し、その病原菌の細胞膜表面物質に突き刺さることができる**抗体**（免疫グロブリン）を産生します。この病原体を抗体で突き刺し、凝集沈殿させて防御します。これを**抗原抗体反応**といい、体液中で行われるので体液性免疫ともいいます。

異なる病原体に対してそれに対応する抗体をつくるB細胞が増殖するようになっており、その反応は特異的（相手に応じた抗体がつくられる）です。生体中で億を超える種類の抗体が産成可能です。

第四の防波堤～T細胞（リンパ球）による細胞攻撃（細胞性免疫）

もとは自分の細胞であったものの、危険な存在となった細胞群（がん細胞など）に対しては、抗体では太刀打ちできません。その場合、キラーT細胞が直接それらの細胞を攻撃して破壊します。キラーT細胞の活性化にも、ヘルパーT細胞のだすサイトカインが必要です。この免疫系を、細胞が直接攻撃をするので細胞性免疫といいます。

リンパ球の故郷と活動舞台

体液性免疫で活躍するリンパ球は、血管以外ではリンパ管内に存在します。リンパ管とは、末梢組織をとりまく組織液が、血管（静脈）とは別のルートで心臓の方へ戻ってくる管です。リンパ管の節々にはリンパ節というたまり場があり、そこで病原体や異物をこしとって体液性免疫をはたらかせています。頸や四肢の付け根、各臓器の近くにリンパ節があるのはこのためです。

リンパ球は骨髄で生成されますが、リンパ球の一種であるT細胞の分化は胸腺で行われます。脾臓にはリンパ球が多く待機し、血液とリンパ液の乗り換え場所にもなっています。

> **memo** 胸腺は老化とともに退化しますが、そうすると自分の細胞と病原菌の区別がつかなくなり、自己の細胞を攻撃する自己免疫疾患が生じます。そのことは、胸腺がT細胞たちに「自分の細胞と病原菌を見分け、病原菌を攻撃する」ように教育している器官であることを示しています。

POINT 32

◆病原体・異物への防御は粘膜・食作用・体液性免疫・細胞性免疫、胸腺はT細胞の教育機関

Chapter 3 血液循環〜各駅停車の旅

Stage 33 腎臓
血液のリフレッシュセンター

電車「血液」各駅停車の旅の最後は腎臓です。

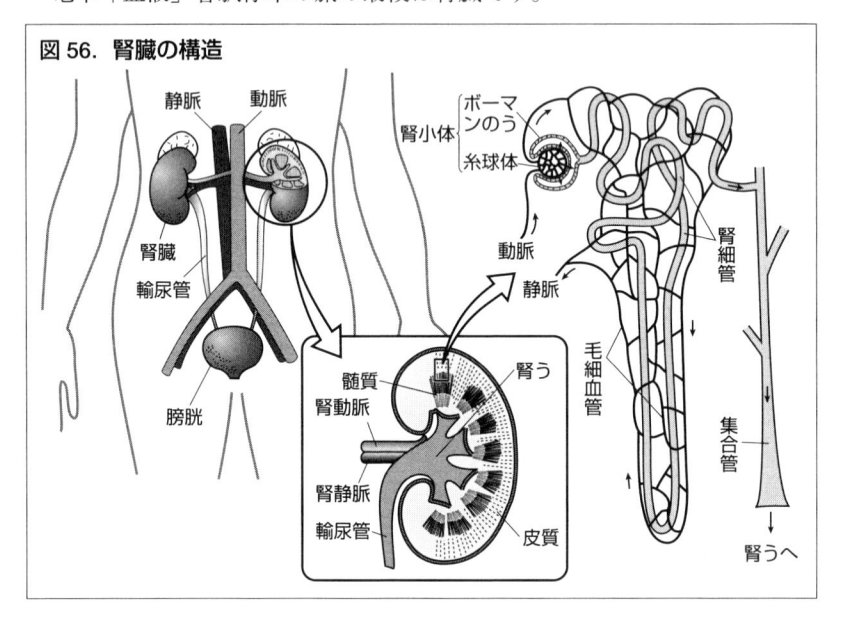

図56. 腎臓の構造

図のように腎臓は皮質・髄質・腎うから成り立っており、主に皮質で血液と尿への振り分けが行われます。腎うに集められた尿は、輸尿管を通じて膀胱に送られ、膀胱が満たされると尿として排出されます。基礎単位であるネフロンが左右の腎臓にそれぞれ100万個あり、浄化を担っています。

腎臓のはたらき

1. 窒素性老廃物の除去

主にタンパク質分解産物である窒素を含む窒素性老廃物（尿素・尿酸・クレアチニンなど）を除去します。

2. 体液浸透圧（濃度）調節—水・Na^+調節

動物の体液では、塩分と水の量のかね合いで浸透圧が調節されます。

私たちの体液はその日の健康状態や食事内容で浸透圧が変化しがちですが、それを間脳視床下部が感知します。浸透圧が低下した（Na^+：少、水分：多）場合は、副腎皮質からの鉱質コルチコイドの作用で、腎臓ではNa^+を尿に逃がす量を減らして再吸収します。逆に上昇した（Na^+：多、水分：少）場合は、脳下垂体後葉からのバソプレシンのはたらきで水を尿に送る量を減らして再吸収します。

3. H^+排出によるpH調節

血液はpH7.4〜7.6の弱アルカリ性ですが、体内の代謝によってCO_2やH^+が放出されるため、酸性に傾きがちです。呼吸をして肺からCO_2を排出するとともに、腎臓からH^+を排出してpHをもとの状態に保とうとします。この機能が低下すると、血液が酸性化していくアシドーシスとなり、最悪の場合は昏睡状態に陥ることもあります。

「尿づくり（血液リフレッシュ）」の3ステップ

1. 第1ステップ〜ろ過（原尿づくり）

糸球体の細胞には小さな穴が開いていて、その穴より小さな分子は老廃物・栄養分の区別なく、ボーマンのう側にいったん排出されます（ろ過）。これが原尿とよばれ、その量は1日175ℓ（1分間に120mℓ）にもなります。

2. 第2ステップ〜再吸収

次の腎細管・集合管では、原尿から水分の大部分と、グルコースなどの必要な物質が再び腎細管をとりまく血液側に取り込まれる再吸収が行われます。

3. 第3ステップ〜追加分泌

ある種の物質については、糸球体で排出しきれなかった分を毛細血管から腎細管側へ追加分泌することがあります。その結果、排出される尿は1日1.5ℓで、尿素などの老廃物が濃縮して捨てられるので、血液はリフレッシュされます。

POINT 33

◆腎臓の役割は、体液浸透圧調節と窒素性排出物
◆尿生成はろ過・再吸収・追加分泌の3段階で調節

Chapter 3 血液循環〜各駅停車の旅

column 人間ドックデータをみてみよう

　これは私の2004年の人間ドックデータです。これをもとに3章までをまとめてみましょう。

尿検査	基準値	測定値
①蛋白	(−)	(−)
糖	(−)	(−)
②ウロビリノーゲン	(±)	(±)
血液検査		
③赤血球	410〜530万/mm^3	459万/mm^3
血小板	12〜35万/mm^3	29.3万/mm^3
白血球	4500〜8500/mm^3	6500/mm^3
④白血球分類	好中球 52.6 %	好酸球 6.2 %
	好塩基球 0.3 %	単球 5.7 %
⑤ヘマトクリット	40〜48 %	42.2 %　リンパ球 35.2 %
⑥血色素量	14〜18 %	14.3 %
⑦総蛋白	6.5〜8.2 %	7.4 %
⑧アルブミン	3.8〜4.9 %	4.6 %
⑨血糖	110 mg/dℓ 以下	91 mg/dℓ
	(0.11 % 以下)	(0.091 %)

解説
①尿にはタンパク質や糖がでてこないのが健康です。
②尿中に排出されたビリルビン由来の尿を黄色くする物質。
③血球の数と多さの順番を比べてください。
④白血球の分類を確認してください。
⑤血液中の血球の比率のことです。そのほとんどは赤血球です。
⑥ヘモグロビンのことです。
⑦血しょうタンパク質であるアルブミン・グロブリン・血液凝固因子などの総量。約8 %です。
⑧多くの血しょうタンパク質はアルブミンです。
⑨血糖値は約0.1 %です。

練習問題

問1 赤血球・白血球・血小板で2番目に数が多いものは何か。

問2 血管の最内層を構成する細胞は何か。

問3 血液凝固の際にフィブリンをつくらせる酵素は何か。

問4 血液凝固防止法を4つあげよ。

問5 動物の組織を4分類すると何か。

問6 骨髄で全血球に分化しうる細胞の名称は何か。

問7 心臓で自動能をつくりだす筋肉を何というか。

問8 タンパク質を最初に消化する胃の消化酵素は何か。

問9 肝臓に入る管を2つ、でる管を2つ答えよ。

問10 間脳視床下部の直下にある内分泌腺は何か。

問11 内分泌腺に導管はあるか。

問12 血糖値を増やすホルモンは何か（4つ）。

問13 血糖値を減らすホルモンは何か。

問14 ホルモン過剰・不足以外のホルモン系疾患の原因は何か。

問15 腎臓の尿生成時のはたらきを2つあげよ。

問16 腎臓の腎小体と腎細管で、糖はどのような作用を受けるか。

問17 T細胞、B細胞がかかわる免疫はそれぞれ何か。

解 答

問1：血小板

問2：血管内皮細胞

問3：トロンビン

問4：クエン酸ナトリウム添加（Ca^{2+}除去）、低温、ヘパリン添加、ヒルジン添加（トロンビン阻害）、ガラス棒でかきまぜる（フィブリン除去）

問5：上皮・筋肉・神経・結合

問6：多能性幹細胞

問7：刺激伝導系

問8：ペプシン

問9：入る（肝動脈・肝門脈）でる（肝静脈・胆管）

問10：脳下垂体

問11：ない

問12：アドレナリン・グルカゴン・成長ホルモン・糖質コルチコイド

問13：インスリン

問14：レセプター病

問15：窒素性老廃物除去・浸透圧調節

問16：腎小体でろ過され、腎細管で再吸収される

問17：T細胞－細胞性免疫　B細胞－体液性免疫

☐生体を構成する物質
☐タンパク質が体をつくる
☐タンパク質の構造
☐酵素～分子たちの仲人～
☐酵素の性質
☐代謝とは？～同化と異化～
☐好気呼吸とATPのはたらき
☐好気呼吸（1）
☐好気呼吸（2）
☐嫌気呼吸

Chapter 4
いのちを支える分子たち

　私たちは毎日食べ物を食べ、60兆個の細胞に血液循環を通じて栄養分を送っています。食物はほとんどが動物・植物・菌の体である細胞です。あなたは自身の細胞を養うために、他の生物の細胞を食べているのです。それができるのは、動物・植物・菌で細胞を構成する分子たちがほとんど共通しているからです。この章で、分子の世界とその移り変わり（代謝）について学びましょう。

Chapter 4　いのちを支える分子たち

Stage 34　生体を構成する物質
「数珠」のような分子

　体を形づくる物質を生体構成物質といい、そのほとんどは6種類に分類されます。最も多いのは水分であり、タンパク質や炭水化物、脂質が続きます。核酸や無機塩類、ビタミン類も重要な物質です。

　それらの生体構成物質に含まれている主な元素は約10種類です（C・H・O・N・S・P・Na・K・Ca・Feなど）。その中でも、C（炭素）・H（水素）・O（酸素）・N（窒素）がほとんどです。種類はわずかでも、組み合わせることによって多様な物質をつくりだしているのです。

表6. 生体構成物質

	構成元素
①水	H・O
②タンパク質（ペプチド鎖）	C・H・O・N・S
③脂質	C・H・O・(N・P)
④核酸（ヌクレオチド鎖）	C・H・O・N・P
⑤炭水化物（多糖類・糖質）	C・H・O
⑥無機塩類	Ca^{2+}・PO_4^{3-} など

　水と無機塩類以外の、タンパク質・脂質・核酸・炭水化物は、生命体内でつくられるので有機物と名づけられました。有機物は炭素が分子の骨格となる化合物です。

タンパク質・核酸・炭水化物は鎖状構造

　有機物の中でも、タンパク質、核酸、炭水化物はどれも簡単な構造がつながってできた鎖状構造をしています。タンパク質はアミノ酸、核酸はヌクレオチド、炭水化物は糖がつながってできています。ペプチド鎖・ヌクレオチド鎖・糖鎖は化学反応のうえで重要な類似性があります。それは、基礎単位の間に水が加わると鎖が切断され（加水分解反応、その一種が消化→Stage 26）、逆に接近した基礎単位の間から水が取られると鎖状に結合（脱水縮合反応）することです。

Stage 34 生体を構成する物質

水 　生物体の6～7割は水です。水はさまざまな物質を溶かすため、分子どうしに化学反応の場を提供します。また、比熱が大きい（熱しにくく冷めにくい）ので急激な温度変化を防ぐことができるため、生命維持に大きく貢献しています。

炭水化物 　植物のデンプン・動物の肝臓・筋肉中のグリコーゲンは糖（グルコース）が多数結合した構造で、動物はこれを加水分解して糖として吸収します。ミトコンドリアはこのグルコースを分解してエネルギーを取りだします。葉緑体は、二酸化炭素と水からグルコースをつくる光合成という機能をもちます。

脂質 　脂質は炭素骨格の両側に水素原子が結合した $-CH_2-$ の単純なくり返し構造で、水をはじく性質（疎水性）が特徴です。単純な炭化水素鎖（末端は $-COOH$）の脂肪酸、3つの脂肪酸の鎖がグリセリンで橋渡しされた中性脂肪、この1本がリン酸におきかわったリン脂質のほか、環状構造の分子である種のホルモンの素材となるステロイドがあります。酸化分解されると莫大なエネルギーを放出するので、エネルギー貯蔵のはたらきをします。

無機塩類（ミネラル・イオン） 　無機塩類は Ca^{2+}（カルシウムイオン）・PO_4^{3-}（リン酸イオン）・Fe^{3+}（鉄イオン）・NO_3^-（硝酸イオン）などで、細胞内の情報伝達や酵素の結合などにはたらきます。

> **memo　ビタミンとは？**
> 　微量ですが生物に必要な低分子有機物をビタミンといいます。栄養学的な観点から命名されてきたため、分子としての共通性はありません。

POINT 34

◆水・タンパク質・核酸・脂質・炭水化物・無機塩類が生体構成物質
◆有機物、特にタンパク質・核酸・炭水化物は鎖状分子
◆鎖状分子は水を仲立ちとして加水分解・脱水縮合される

Chapter 4　いのちを支える分子たち

Stage 35　タンパク質が体をつくる
原料は20種類のアミノ酸

タンパク質のさまざまな機能

　生体の多様なはたらきを担っているのが、細胞内外ではたらいているタンパク質です。タンパク質には次のようなものがあります。

1. **酵素**　代謝などの化学反応をおこさせるはたらき（触媒）をします。唾液のアミラーゼや、ミトコンドリア内部ではたらくATP合成酵素などがあります。
2. **生体構造をつくるタンパク質**　毛・表皮の細胞内に蓄積し硬くするケラチン、細胞間を埋め合わせて弾力性をもたらすコラーゲンなどがあります。
3. **生体内の情報にかかわるタンパク質**　タンパク質ホルモン、受容体や細胞内情報伝達にかかわります。同時に酵素作用をあわせもつものもたくさんあります。
4. **運動・細胞骨格に関与するタンパク質**　筋肉を形づくるアクチンやミオシン、鞭毛・繊毛・細胞分裂時の紡錘糸を構成するチューブリンなど。細胞を支える細胞骨格ともなり、細胞内物質輸送に関与します。
5. **抗体**　抗原に対して特異的に結合します。
6. **栄養にかかわるタンパク質**　卵、種子、乳（カゼイン）などに含まれそれ自体が栄養となります。
7. **光を受け止める色素タンパク質**　眼の網膜での視覚にかかわるロドプシン、植物が開花の時期を決めるために明暗周期を感受するフィトクロムなどがあります。

タンパク質の構成単位、アミノ酸は20種類

　このように多様なタンパク質が合成できるのは、その原料のアミノ酸が図57のように20種類もあるからです。アミノ酸は側鎖の部分が異なり、

ほかは共通ですが、この側鎖のちがいが性質のちがいにつながります。さらに、アミノ酸の並ぶ順序によって構造は変化します。**1つのタンパク質は平均300〜500アミノ酸なのでその多様性は無限に近い**ということができます。詳細は次ページで学びましょう。

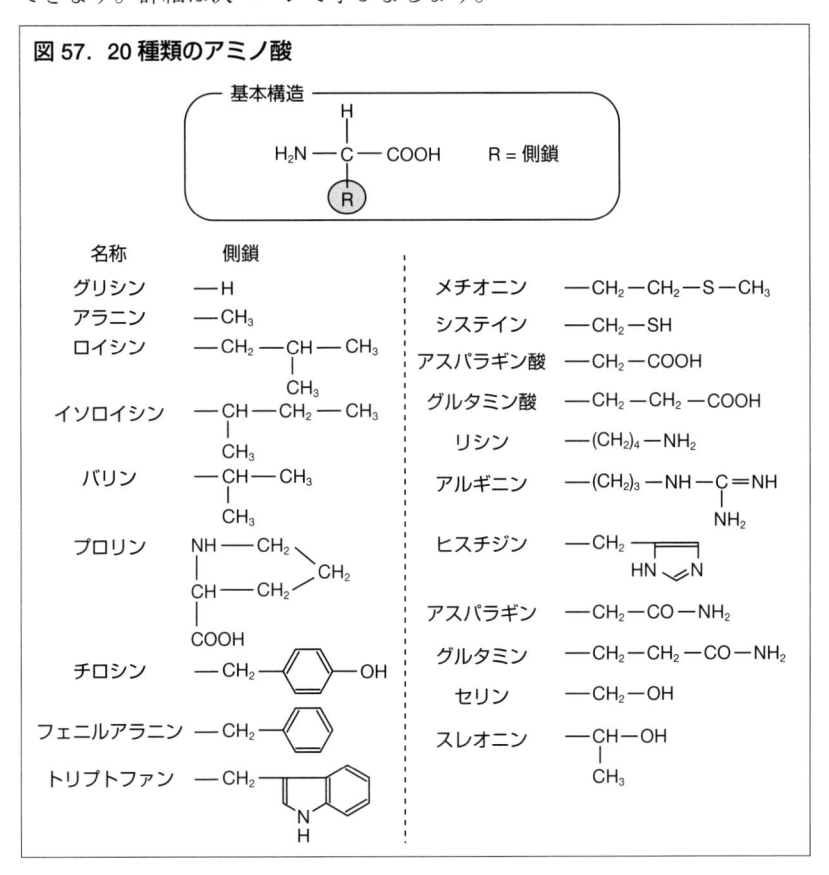

図57. 20種類のアミノ酸

基本構造

$$H_2N-\underset{R}{\overset{H}{\underset{|}{\overset{|}{C}}}}-COOH \quad R=側鎖$$

名称	側鎖		名称	側鎖
グリシン	—H		メチオニン	—CH_2—CH_2—S—CH_3
アラニン	—CH_3		システイン	—CH_2—SH
ロイシン	—CH_2—CH—CH_3 / CH_3		アスパラギン酸	—CH_2—COOH
イソロイシン	—CH—CH_2—CH_3 / CH_3		グルタミン酸	—CH_2—CH_2—COOH
バリン	—CH—CH_3 / CH_3		リシン	—$(CH_2)_4$—NH_2
プロリン	NH—CH_2 / CH—CH_2—CH_2 / COOH		アルギニン	—$(CH_2)_3$—NH—C=NH / NH_2
			ヒスチジン	—CH_2—(imidazole)
チロシン	—CH_2—⟨⟩—OH		アスパラギン	—CH_2—CO—NH_2
フェニルアラニン	—CH_2—⟨⟩		グルタミン	—CH_2—CH_2—CO—NH_2
トリプトファン	—CH_2—(indole)		セリン	—CH_2—OH
			スレオニン	—CH—OH / CH_3

POINT 35

◆さまざまなはたらきをするタンパク質がある
◆アミノ酸とその並びの多様性が、タンパク質の多様性を生む

Chapter 4　いのちを支える分子たち

Stage 36　タンパク質の構造
からみついた電話コード

　生体構成物質の1割を占めるのはタンパク質です。筋肉を構成するミオシンやアクチン、酸素を運ぶヘモグロビン、そして髪の毛もタンパク質です。ここではタンパク質の構造をみていきましょう。

タンパク質の構造

　タンパク質の構造は、まずC・H・O・N（一部S）で構成された20種類のアミノ酸どうしがペプチド結合することからはじまります。これを一次構造といいます（→ Stage 69）。この一次構造でも20種類のアミノ酸がどのように並ぶかで、わずか3つの並びでも20 × 20 × 20種類 = 8000種類の多様な組み合わせが生じます。さらに直線状の一次構造がねじれてらせん状（αヘリックス）やジグザグ状（βシート）になると二次構造となります。また、二次構造が折りたたまれると立体的な形となった三次構造となります。さらに三次構造がいくつかくっついて四次構造を形づくることもあります。

図58．タンパク質の一次・二次・三次・四次構造

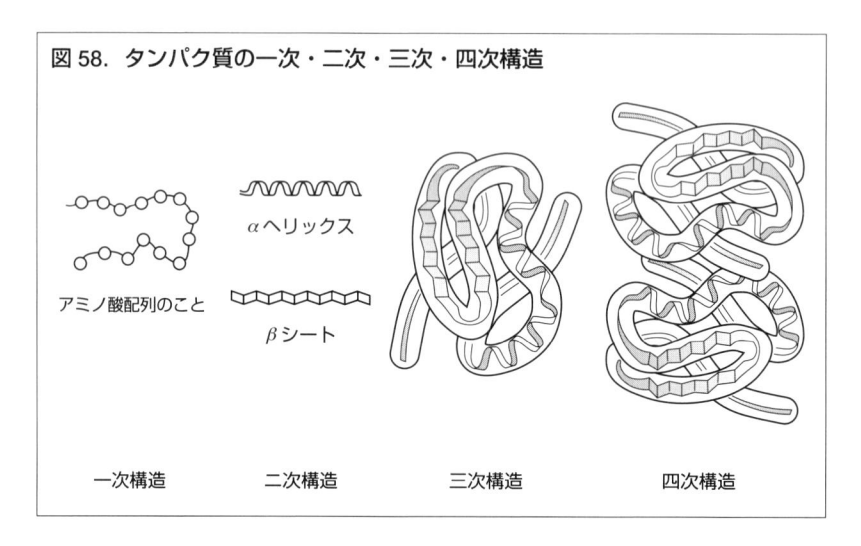

アミノ酸配列のこと
αヘリックス
βシート

一次構造　　二次構造　　三次構造　　四次構造

からみついた電話コード

三次構造のイメージに近いのが、からみついた電話コードです。コードが一次構造、コイル状になっているのが二次構造、丸められた形が三次構造です。こうしてつくられた微妙な形のちがいや構造中の突起やへこみが、タンパク質の酵素・ホルモンなどのはたらきに関与しています。

赤血球のヘモグロビン

ヘモグロビンは141個のアミノ酸の鎖（α鎖）2個、146個のアミノ酸の鎖（β鎖）2個がくっついて四次構造をつくっています。それぞれの鎖の内部に鉄を含むヘムという色素が含まれ、このヘムに酸素が結びつくと、鉄がさびたときと同じ赤色となるのです。

色々な結合

一次構造はペプチド結合から構成されますが、それをさらに二次・三次・四次構造と折りたたむ場合、離れたアミノ酸どうしが接近し、以下のように新たな結合をつくります。その結合によって、さらに複雑な立体構造をつくることができます。

表7. 化学結合

疎水結合	アミノ酸で水となじまない分子構造の部分（−CH−）が折りたたまれて近づきます。しかし、実際は水を避けてくっつきあっている程度なので結合といわず、相互作用という場合もあります。
水素結合	核酸と同様に側鎖の水素（H）と水酸基（OH）がゆるやかに引き合います。電気的な引き合いのため、熱やpH変化で切れやすく、そのことが熱やpH変化でのタンパク質の立体構造変化（変性）につながります。
SS結合（ジスルフィド結合）	アミノ酸のシステインとシステイン分子のSHどうしが結びつき、Hがとれて結合をつくります。立体構造の安定化に役立っています。
イオン結合	アミノ酸の側鎖NH_2が電離したNH_3^+と、COOH部分が電離したCOO^-が電気的に引き合うことによる結合

POINT 36

- ◆タンパク質は一次・二次・三次・四次構造と編み上げられ、その立体構造がさまざまな機能を生む
- ◆疎水結合・水素結合・SS結合・イオン結合が立体構造に関与する

Chapter 4 いのちを支える分子たち

Stage 37 酵素 〜分子たちの仲人〜
酵素と基質は鍵と鍵穴

化学反応の仲人、酵素

　分子どうしの結合や分解である化学反応は、自然にはおこりにくく、なかなか進まない場合もあります。そこで生物は細胞膜で囲まれた細胞という小さな部屋をつくり、その中で分子どうしを反応させるようにしました。

　真核生物の場合、細胞小器官の生体膜で囲まれたさらに小さな区画をつくり、反応の場を増やしました。さらに、酵素が分子の切断箇所に刺激を与えたり、反応分子どうしをであわせて結合を進めたりします。生物の化学反応のほとんどは酵素 enzyme の手助けを借りています。酵素が反応を助ける分子を基質といいます。酵素は基質の反応を助け、仲人をするタンパク質です。酵素自体は反応前後で変化せず、反応終了後すみやかに次の基質に結合できるため、次々に反応を進めることができます。

> **memo** 酵素の名前の特徴— ase（アーゼ）は酵素
> amylase（アミラーゼ）- amylose（直鎖型デンプン）を分解する酵素
> ATPase - ATP を分解する酵素
> lipase（リパーゼ）- lipid（脂質）を分解する酵素

　ただし、ペプシン・トリプシンの名称は、化学物質を命名するときに使う接尾辞 -in に由来します。

酵素反応は特異的（鍵と鍵穴の関係）

　酵素と基質との結合個所（反応部分）を活性中心といい、酵素によってすべて異なります。たとえば、マルトース（麦芽糖）に結合できるマルターゼはスクロース（ショ糖）には結合できず、スクロースに結合できるスクラーゼはマルトースには結合できないしくみになっています。つまり**酵素の活性部位の構造によって、基質が 1 種類のみに限定されます**。こ

の性質を基質特異性といいます。

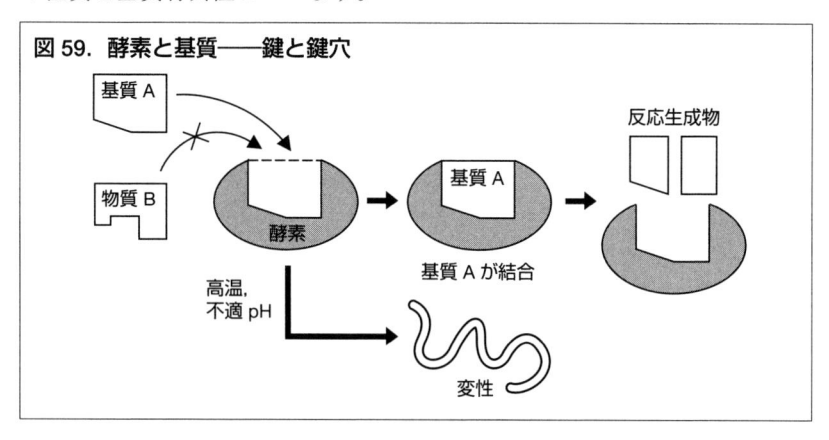

図 59. 酵素と基質――鍵と鍵穴

補酵素　酵素を手助けするアシスタント

　酵素には、他の分子の助けを借りないと反応できないものもあります。その例として多いのが酸化還元酵素です。水素（電子）をとっても、その水素を受け止めてくれる水素（電子）受容体がないと反応を進めることができないのです。このように酵素アシスタントとして使っている分子を補酵素といいます。これは酵素ですがタンパク質ではありません。酵素本体のことをアポ酵素といい、アポ酵素と補酵素をあわせてホロ酵素といいます。FAD（フラビンアデニンジヌクレオチド）・NAD（ニコチンアミドアデニンジヌクレオチド）・NADP（ニコチンアミドアデニンジヌクレオチドフォファート）は、脱水素酵素の補酵素としてはたらき、水素を受け止める水素受容体となっています。補酵素は低分子有機物であることが多く、同じような酵素の補助をする物質が金属イオンなどの場合は補欠因子とよびます。

POINT 37

◆生体内の化学反応には仲人（酵素）がある
◆基質特異性－酵素が反応させる分子を基質といい、酵素ははたらく基質が決まっている
◆酵素の基質結合部位を活性中心とよぶ

Chapter 4　いのちを支える分子たち

Stage 38　酵素の性質

酵素はお熱いのが苦手

　酵素はタンパク質であり、さまざまな立体構造をつくることで多様な反応（基質）に対応できます。一方、タンパク質であるがゆえの弱点もあります。

高温で変性する酵素

　一般に、化学反応は高温であるほど反応速度が大きくなります。それは分子運動が活発になるためです。しかし酵素反応の場合、40℃を超えると反応速度が減少します。高温になるとタンパク質の立体構造が変化（変性）し、これを失活といいます。**タンパク質の立体構造を形づくるさまざまな結合のうち、水素結合・イオン結合などは熱で切れたりすることが多く、立体構造が変わり活性部位も形が変わってしまうからです。**酵素のみならず、タンパク質は一般的に熱に弱く変性します。生卵がゆで卵になるのは変性の典型例です。実は皆さんの体温は、体内の酵素が一番はたらきやすい温度（36℃）に設定されているのです。もちろん、低温では反応が不活発なだけで酵素が変性するわけではないので、たとえば変温動物の細胞内でも酵素反応はおきています。

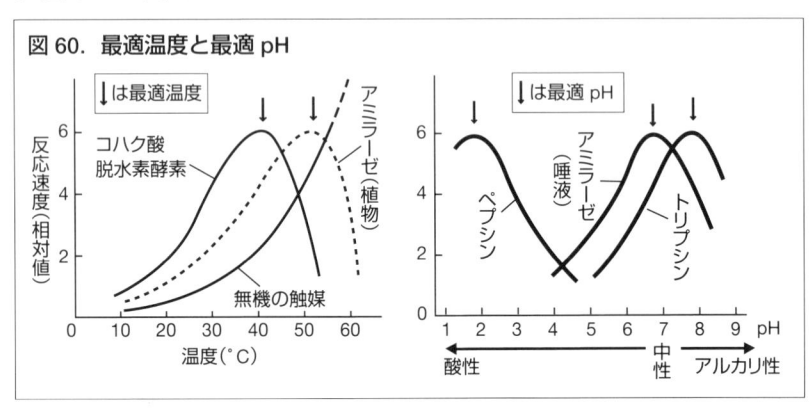

図60. 最適温度と最適pH

pH変化（酸・アルカリ）と酵素

　pHが変化すると、タンパク質の水素結合やイオン結合などに影響して立体構造を変えてしまい、酵素のはたらきに影響を与えます。また、酵素には効率よく反応できるpHがあります。それを最適pHといいます。

　多くの酵素は中性付近が最適pHですが、胃液のペプシンは強酸性で（pH2）、それを中和する膵液のトリプシンは弱アルカリ性（pH8）が最適pHです。このように酵素のはたらく場所によって最適pHが異なります。

競争阻害とアロステリック阻害

　競争阻害とは、基質と似た物質（阻害剤）があると酵素の活性部位が阻害剤と一時的に結合してしまうために、酵素反応が一部妨げられて遅くなる現象です。

　アロステリック阻害では、活性部位でない部分に阻害物質が結合することで、活性部位も影響を受けて変化し、酵素反応が阻害されます。allo（異なる） - steric（位置）という言葉が示すのは、活性部位でない部位のことです。

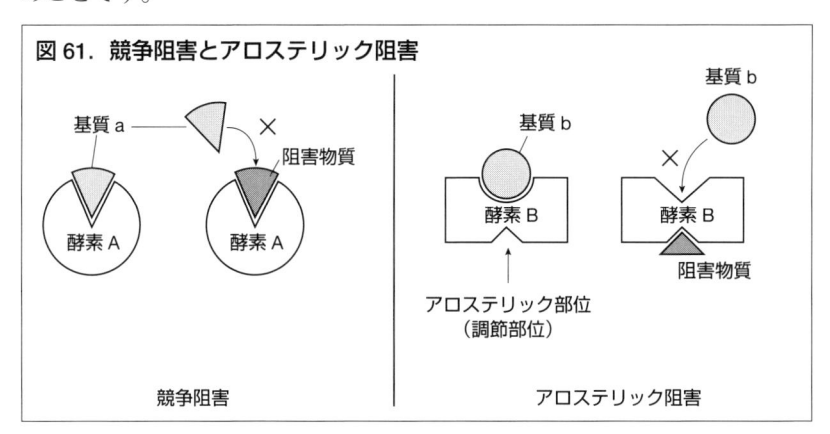

図61. 競争阻害とアロステリック阻害

（競争阻害：基質a、阻害物質、酵素A／アロステリック阻害：基質b、酵素B、アロステリック部位（調節部位）、阻害物質）

POINT 38

◆酵素は高温やpH変化で変性する
◆競争阻害やアロステリック阻害のような阻害がある

Chapter 4　いのちを支える分子たち

Stage 39　代謝とは？〜同化と異化〜
細胞は呼吸する

　生物は生きるために有機物（栄養分）を必要とします。有機物中の化学結合を切断したときに放出されるエネルギー（ATP → Stage 40）を使ってさまざまな生命活動を行うためです。

　植物は、光合成で太陽の光エネルギーを用いて CO_2 と H_2O から有機物（糖・グルコース）を合成します。自分で有機物をつくることができるので独立栄養生物といいます。一方、動物・菌類などは自分で有機物を合成できず、植物をはじめ他の生物の有機物を摂食・吸収して生活するので従属栄養生物といいます。

　生物が物質を合成・分解しながらエネルギーの出し入れを行うことを代謝といいます。また、無機物から有機物をつくるはたらきを同化といいます。同化には植物が行う光合成のほか、アミノ酸をつくる窒素同化があります。また、動物は他の生物の有機物を摂食し加水分解したうえで自分に必要な有機物に組み換えます。これを二次同化といいます。一方、有機物を分解してエネルギーを得ることを異化といいます。

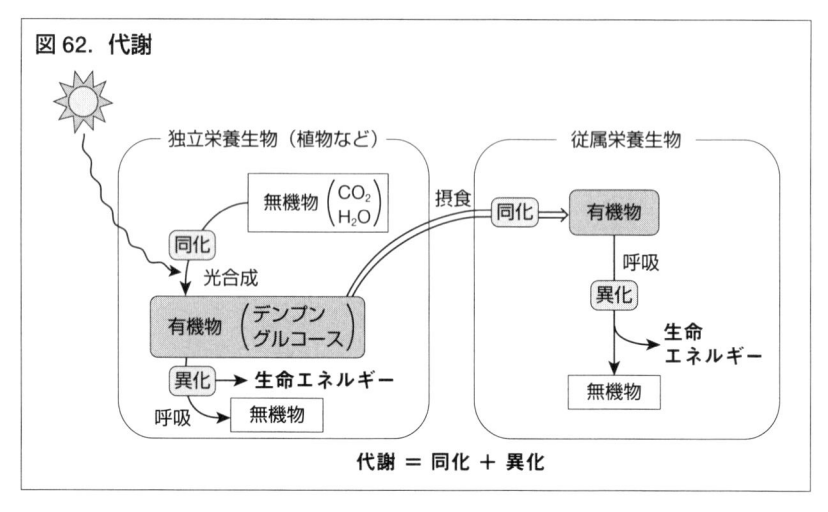

図62. 代謝

代謝 ＝ 同化 ＋ 異化

呼吸には外呼吸と内呼吸の2つある

　同じ単語でも、日常用語と生物学では別の意味で使われている単語があります。呼吸はその典型的な例です。

　日常用語としての呼吸は、酸素を吸って二酸化炭素を放出することです。ところが生物学においての呼吸とは、細胞1つ1つがグルコースなどを分解してエネルギーを取りだす（ATPをつくる）ことを指します。混乱を避けるため、日常用語としての呼吸を「外呼吸（ガス交換）」、生物学用語としての呼吸を「内呼吸（細胞呼吸）」と区別することもあります。図にあるように、**外呼吸で吸収した酸素をうまく活用し、内呼吸を行ってATPをつくる**わけです。

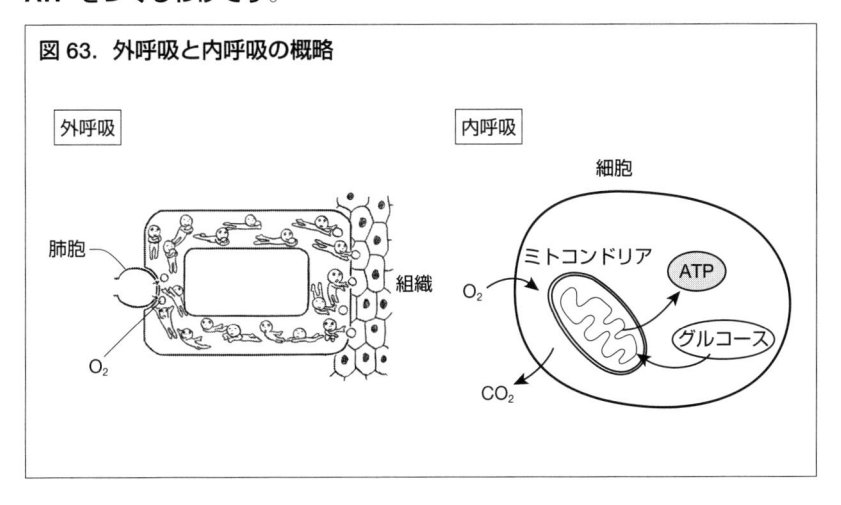

図63. 外呼吸と内呼吸の概略

POINT 39

◆無機物から有機物をつくるのが同化
◆有機物を無機物に分解し、エネルギーを得るのが異化
◆外呼吸は肺で、内呼吸は細胞で行う

Chapter 4 | いのちを支える分子たち

Stage 40 好気呼吸とATPのはたらき
自転車をこぐATPパワー

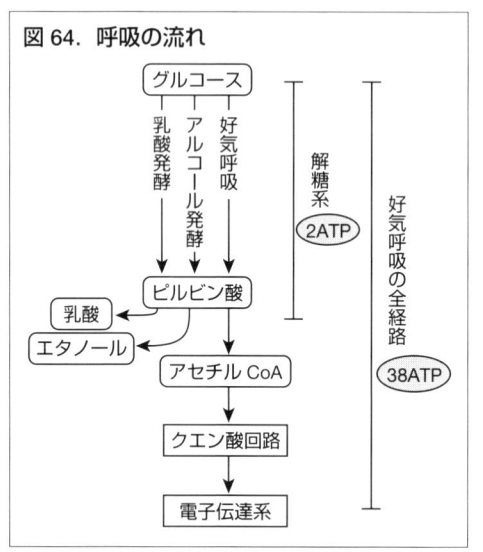

図64. 呼吸の流れ

```
         グルコース
    ┌────┬────┐        ┐
    │乳  │アル│好      │
    │酸  │コー│気      │ 解糖系
    │発  │ル  │呼      │ 2ATP
    │酵  │発酵│吸      │
    ↓    ↓    ↓        ┘
         ピルビン酸              ┐
    乳酸←                        │
    エタノール←                  │ 好気呼吸の
         ↓                       │ 全経路
         アセチルCoA              │ 38ATP
         ↓                       │
         クエン酸回路             │
         ↓                       │
         電子伝達系               ┘
```

呼吸は、その素材（呼吸基質）が炭水化物・脂質・タンパク質のどれか、酸素があるかないかによって異なる反応となります。その中で真核生物が最も普遍的に行っているのが、グルコースを酸素の存在下で分解する好気呼吸です。

好気呼吸と嫌気呼吸

内呼吸は、酸素を使わずに行う嫌気呼吸と、酸素を使って行う好気呼吸に分類されます。嫌気呼吸は細胞質基質で行われますが、好気呼吸の中心反応はミトコンドリアで行われます。そのため、ミトコンドリアをもたない生物の多くは嫌気呼吸を行うのに対し、ミトコンドリアをもつ生物は好気呼吸を行うことができます。

ATPとは？

大腸菌からヒトにいたるまで、あらゆる生物が用いているエネルギーの源がATP（アデノシン三リン酸）です。ATPは水の存在下で酵素ATPアーゼの作用を受けてADP（アデノシン二リン酸）とリン酸に加水分解され、そのときに1 molあたり8 kcalのエネルギーを放出します。このエ

ネルギーがさまざまな生命活動へと利用されていきます。

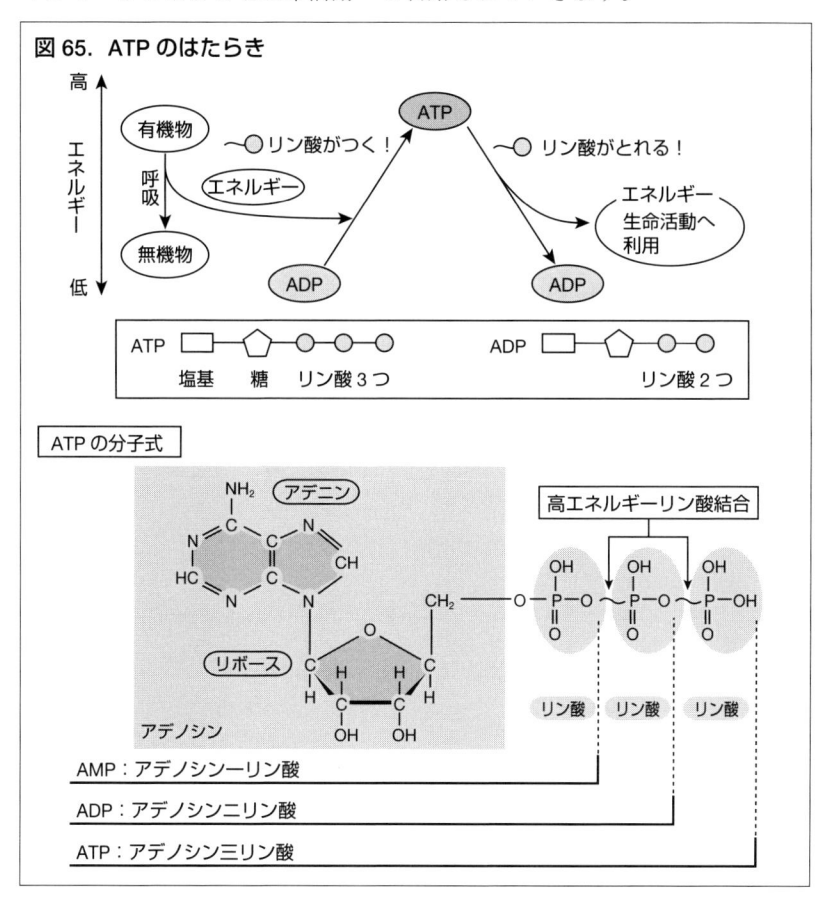

図 65. ATP のはたらき

ATP の分子式

AMP：アデノシン一リン酸
ADP：アデノシン二リン酸
ATP：アデノシン三リン酸

　ATP のリン酸−リン酸結合の間に高エネルギーが蓄えられており、ここを切断したり結合したりすることによってエネルギーの貯蔵や引きだしをすることができます。また、ATP ⇔ ADP の相互変換は何度でも行うことができます。何度も使える充電式電池のようなものですね。細胞内には少しの ATP しかありませんが、分解されたものはすみやかに再合成をくり返すため、持続的にエネルギーを細胞に供給することが可能です。

POINT 40

◆すべての細胞がグルコースを分解して ATP をつくる
◆ ATP はエネルギー貯蔵物質

Chapter 4　いのちを支える分子たち

Stage 41 好気呼吸（1）
細胞はグルコースをどう料理するか

　次に好気呼吸のプロセスをもう少し詳しくみていきましょう。物質名が色々とでてきますが、それを逐一おぼえようとしなくても結構です。細胞がグルコースをどう「料理」してその中のエネルギーを取りだし、ATPをつくっていくかという「妙」を味わってください。

　好気呼吸の反応は、図のように解糖系（細胞質基質）、クエン酸回路（ミトコンドリアのマトリックス）、電子伝達系（ミトコンドリアのクリステ）の3段階で行われます。

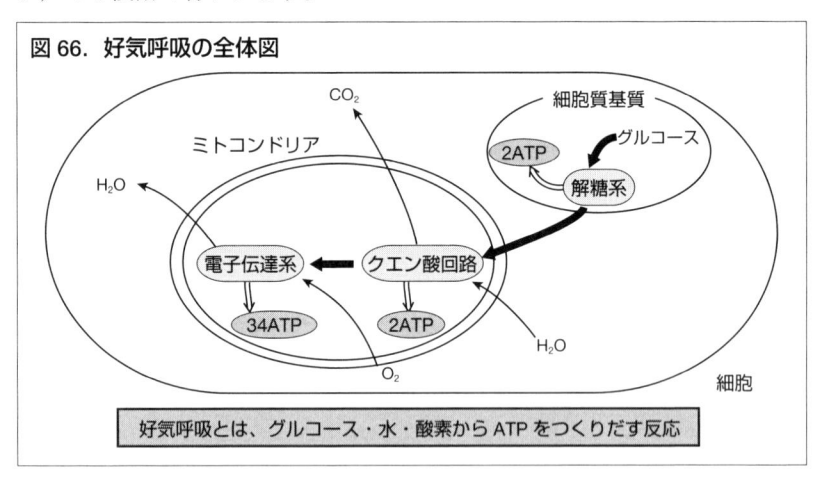

図66. 好気呼吸の全体図

好気呼吸とは、グルコース・水・酸素からATPをつくりだす反応

　グルコースは解糖系でピルビン酸にまで分解された後、クエン酸回路でさまざまなC化合物を変遷しながらH_2を取りだされます。さらに、電子伝達系ではそのH_2を用いることで大量のATPを合成します。

　好気呼吸の全反応式は

$C_6H_{12}O_6 + 6O_2 + 6H_2O \rightarrow 6CO_2 + 12H_2O + 688\,kcal$　（38ATP・熱）

という式で表されます。しかし、この反応が一気におきるのではなく、細胞内でいくつもの中間過程を経て行われます。

好気呼吸の利点

　酸素を使わない嫌気呼吸ではグルコースを乳酸・エタノールまでにしか分解させることができず、1分子のグルコースから2分子のATPしか合成できません。

　しかし酸素を用いる好気呼吸では、グルコースを二酸化炭素と水にまで完全分解させることにより、**1分子のグルコースから38分子のATPを合成することができます。グルコース1分子に対し、好気呼吸は嫌気呼吸の19倍ものATPを合成することができるのです。**これが、生物が好気呼吸を行う最大のメリットです。

　真核生物はミトコンドリアとの共生によって好気呼吸を行うことができるようになり、嫌気呼吸しか行うことのできない生物に比べて飛躍的にエネルギー獲得能力を高めることができました。これが進化（多様化・多細胞化など）の原動力の1つとなったのです。

解糖系〜グルコースを2分子のピルビン酸にする

　解糖系はグルコースをピルビン酸に分解する反応で、好気呼吸と嫌気呼吸の両方で共通する反応系です。細胞質基質において行われ、酸素を必要としないという特徴があります。反応式は以下のようになります。

　$C_6H_{12}O_6 \rightarrow 2C_3H_4O_3 + 4H +$ エネルギー（2ATP・熱）

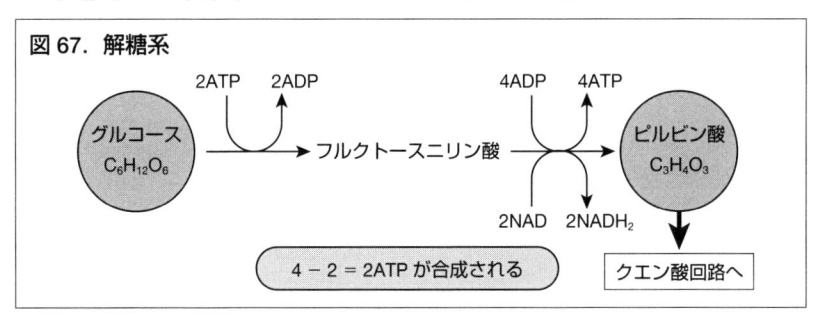

図67. 解糖系

グルコース $C_6H_{12}O_6$ → フルクトース二リン酸 → ピルビン酸 $C_3H_4O_3$ → クエン酸回路へ

2ATP → 2ADP
4ADP → 4ATP
2NAD → 2NADH$_2$

4－2＝2ATPが合成される

POINT 41

◆解糖系は、好気呼吸と嫌気呼吸の両方で共通する反応系
◆好気呼吸は、「細胞質基質での解糖系」＋「ミトコンドリアでのクエン酸回路と電子伝達系」

Chapter 4　いのちを支える分子たち

Stage 42 好気呼吸（2）
クエン酸回路と電子伝達系

クエン酸回路〜 CO_2 と H をはぎ取る

解糖系に続くクエン酸回路についてみてみましょう。

ピルビン酸はミトコンドリアに送り込まれてアセチル CoA になります。アセチル CoA はオキサロ酢酸と結合してクエン酸となり、一連のクエン酸回路の反応がスタートします。

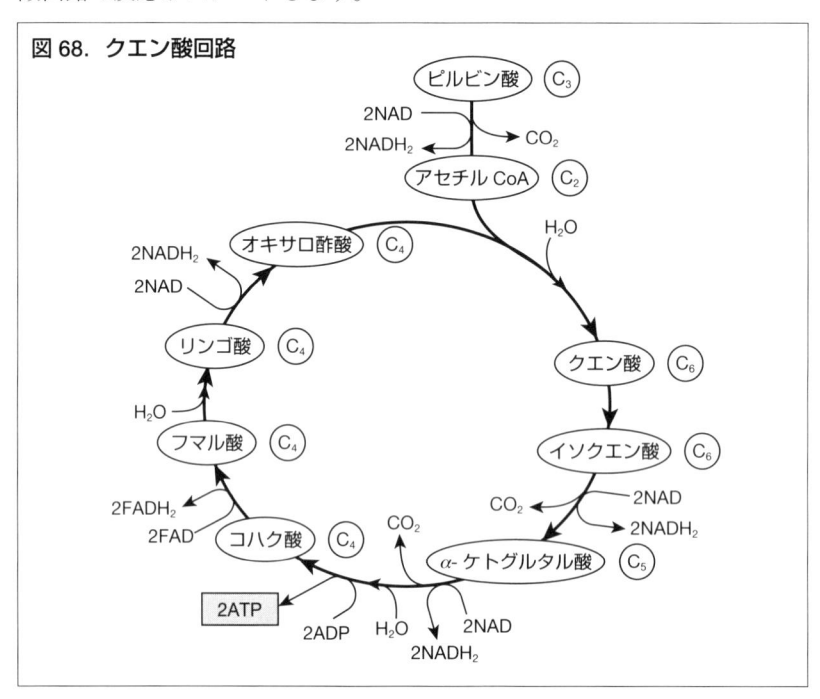

図 68. クエン酸回路

炭素原子数の変化に注目してみましょう。グルコースから解糖系で生成されたピルビン酸はミトコンドリアのマトリックスに取り込まれ、そこで $2CO_2$ と 4H を取られてアセチル CoA（C_2）となります。アセチル CoA（C_2）はクエン酸回路の最終産物であるオキサロ酢酸（C_4）と結合し、ク

エン酸（C_6）になります。クエン酸（C_6）は図のような過程でオキサロ酢酸に戻り、また回路がくり返されます。

こうしてみると、クエン酸回路では脱炭酸・脱水素が重要なことがわかります。実際、それぞれの過程でカルボキシラーゼ（脱炭酸酵素）・デヒドロゲナーゼ（脱水素酵素）がはたらいています。

クエン酸回路の反応式は以下のようになります。

$2C_3H_4O_3 + 6H_2O \rightarrow 6CO_2 + 20H +$ エネルギー（2ATP・熱）

電子伝達系〜多量のATPをつくる

電子伝達系はミトコンドリアのクリステで行われる反応系です。解糖系で放出された4H、クエン酸回路で放出された20Hの計24HがそれぞれH^+とe^-に分離されます。e^-はクリステに埋め込まれた酵素群を移動して酸素H^+とO_2と結合し、H_2Oになります。その過程で1分子のグルコースあたり34ATPが生成されます。

$24H (24H^+ + 24e^-) + 6O_2 \rightarrow 12H_2O +$ エネルギー（34ATP・熱）

好気呼吸のまとめ

解糖系、クエン酸回路、電子伝達系の反応式をすべてたしてみましょう。

$C_6H_{12}O_6 \rightarrow 2C_3H_4O_3 + 4H +$ エネルギー
$2C_3H_4O_3 + 6H_2O \rightarrow 6CO_2 + 20H +$ エネルギー
$+\,) \,\, 24H (24H^+ + 24e^-) + 6O_2 \rightarrow 12H_2O +$ エネルギー
$C_6H_{12}O_6 + 6O_2 + 6H_2O \rightarrow 6CO_2 + 12H_2O + 688\,\text{kcal}$

好気呼吸は、グルコースと酸素・水を用いてATPを合成し、二酸化炭素を放出する反応系であることをおさえておきましょう。

POINT 42

◆クエン酸回路は脱炭酸、脱水素が重要
◆電子伝達系で多量のATPを合成

Chapter 4　いのちを支える分子たち

Stage 43　嫌気呼吸
お酒ができるしくみ

嫌気呼吸—酸素なしの呼吸

　ミトコンドリアでの電子伝達系やそれに連動したクエン酸回路は、基本的には酸素なしでは進みません。しかし、細胞は酸素欠乏状態でもATPをつくらなければならず、そもそも酸素欠乏の環境で生きている嫌気性細菌もいます。それらの細胞は細胞質（基質）でグルコースを乳酸やエタノールにまで分解する反応によってATPを合成していますが、これを嫌気呼吸といいます。次のような生物が嫌気呼吸を行います。

表8. 嫌気呼吸

乳酸ができる反応〔乳酸発酵〕	乳酸菌（常時） 筋肉（O_2不足）
反応式　$C_6H_{12}O_6 \rightarrow 2C_3H_6O_3 +$ エネルギー（2ATP・熱）	
エタノールができる反応〔アルコール発酵〕	酵母（O_2不足） 発芽種子（O_2不足）
反応式　$C_6H_{12}O_6 \rightarrow 2C_2H_5OH + 2CO_2 +$ エネルギー（2ATP・熱）	

　（O_2不足）と書いた生物は、酸素存在下では好気呼吸を行い、酸素不足のときは、嫌気呼吸を行う生物です。乳酸菌は酸素が存在していても嫌気呼吸のみを行います。

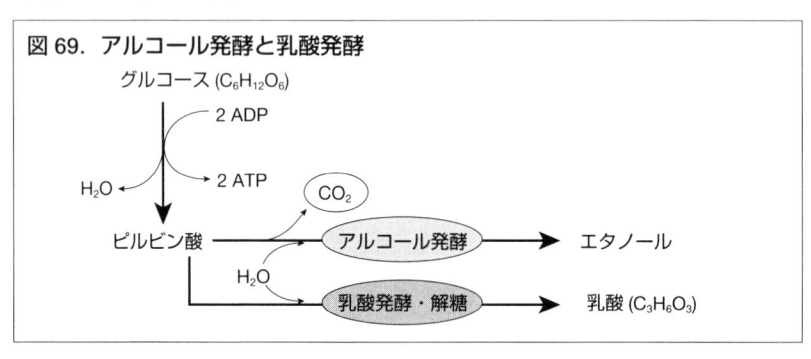

図69. アルコール発酵と乳酸発酵

グルコース ($C_6H_{12}O_6$)
　↓　＋2 ADP
H_2O →　→ 2 ATP
　↓
ピルビン酸 → アルコール発酵 → エタノール
　　　　　　　　↑CO_2
　　　　　H_2O↓
　　　　　　乳酸発酵・解糖 → 乳酸 ($C_3H_6O_3$)

嫌気呼吸の前半段階は解糖系 → 2ATP生成

図にあるように、嫌気呼吸の前半はグルコースがピルビン酸になる反応であり、好気呼吸の解糖系と同じです。アルコール発酵ではピルビン酸からエタノールがつくられ、乳酸発酵では乳酸がつくられます。

$C_6H_{12}O_6 \rightarrow 2C_3H_4O_3 + 4H + エネルギー（2ATP・熱）$

嫌気呼吸の後半段階 → ATP生成なし

嫌気呼吸の後半は、解糖系で放出された4Hを受けとめる反応です。ただしアルコール発酵ではそれに加えて脱炭酸（CO_2）反応が加わります。後半はATPは生成されず、嫌気呼吸では2ATPが生成されます。

乳酸発酵の場合 　　　　$2C_3H_4O_3 + 4H \rightarrow 2C_3H_6O_3$

アルコール発酵の場合　$2C_3H_4O_3 + 4H \rightarrow 2C_2H_5OH + 2CO_2$

> **memo** 酵母は、酸素が入りにくい樽の中ではエタノール（酒）をつくりますが、酸素が存在するとミトコンドリアによる好気呼吸中心となり、酒はあまりつくらなくなります。ヨーグルト・チーズは乳酸発酵でつくります。イネは発芽段階では水中でアルコール発酵を行い、芽が水面にでたら、酸素を使う好気呼吸に切り替えるのです。

激しい筋肉運動では乳酸がたまる

筋肉の細胞は、血流から十分な酸素が供給される状態では好気呼吸をします。しかし、激しい運動などで酸素不足となると、乳酸発酵でATPをつくり、筋肉に一時的に乳酸がたまります。たまった乳酸は肝臓に運ばれて分解されます。

POINT 43

- ◆嫌気呼吸には乳酸菌・筋肉が行う乳酸発酵や酵母菌・発芽種子の行うアルコール発酵がある
- ◆嫌気呼吸は細胞質（基質）で行われ、2ATPを生成する

Chapter 4 いのちを支える分子たち

column | 熱を生みだすミトコンドリア

　ミトコンドリアはピルビン酸を分解していく過程で多くのATPを合成します。しかしグルコースを分解したエネルギーはすべてATPのエネルギーになるわけではなく、半分以上は熱として逃げます。恒温動物（内温動物）は、この熱をみずからの保温に使っています。

　冬眠する動物やヒト新生児の頸部に、普通の脂肪細胞（白色脂肪細胞）とは異なり、発熱を行う褐色脂肪細胞があることがわかってきました。褐色脂肪細胞には大量のミトコンドリアがあってそこで発熱を行うのですが、そのミトコンドリアが特殊で、最後の電子伝達系の流れを少し変えることによってATP生産よりも熱生産を優先的に行うのです。

　ミトコンドリア脳筋症という遺伝疾患では、ミトコンドリア異常のために電子伝達系のはたらきが異常化してしまいます。そのためATP生産効率が悪く、エネルギーの多くが熱になってしまいます。結果として、疲れやすくなる一方で健常な人よりも発熱しやすいという症状を呈するようになります。

練習問題

問1 タンパク質・炭水化物・核酸の基礎単位は何か。

問2 上記物質が基礎単位に分解される反応は何か。

問3 基礎単位が結合し、上記物質が合成される反応は何か。

問4 タンパク質を構成する元素を5つあげよ。

問5 タンパク質の一次構造をつくる結合の名称は何か。

問6 タンパク質の二次構造を2つあげよ。

問7 タンパク質の立体構造を形づくる結合は何か。

問8 酵素を変性させる原因は何か(2つ)。

問9 活性部位への結合でおきる阻害は何か。

問10 活性部位以外への結合でおきる阻害は何か。

問11 ATPの日本語名は何か。

問12 グルコース1分子から、解糖系・クエン酸回路・電子伝達系でそれぞれATPは何分子生成されるか。

問13 解糖系・クエン酸回路・電子伝達系が行われる場所はそれぞれどこか。

問14 クエン酸回路でアセチルCoAと結合する分子は何か。

問15 クエン酸回路で遊離したHと結合する補酵素を2つあげよ。

問16 乳酸発酵を行う生物・細胞名を1つずつ答えよ。

問17 アルコール発酵を行う生物は何か(2つ)。

問18 嫌気呼吸でグルコース1分子からつくられるATPは何分子か。

解 答

問1：タンパク質＝アミノ酸、炭水化物＝糖、核酸＝ヌクレオチド
問2：加水分解反応
問3：脱水縮合反応
問4：C・H・O・N・S
問5：ペプチド結合
問6：αヘリックス・βシート
問7：疎水結合・水素結合・SS結合
問8：高温・pH変化
問9：競争阻害
問10：アロステリック阻害
問11：アデノシン三リン酸
問12：解糖系＝2ATP、クエン酸回路＝2ATP、電子伝達系＝34ATP
問13：解糖系＝細胞質基質、クエン酸回路＝ミトコンドリアのマトリックス、電子伝達系＝ミトコンドリアのクリステ
問14：オキサロ酢酸
問15：NAD、FAD
問16：乳酸菌・筋肉
問17：酵母・発芽種子
問18：2ATP

- □ 無性生殖と有性生殖
- □ 細胞分裂のしくみ
- □ ヒトの染色体とDNA
- □ 体細胞分裂のしくみ
- □ 減数分裂のしくみ
- □ 減数分裂が生みだす遺伝子の多様性
- □ 細胞周期制御と癌

Chapter 5
細胞分裂と生殖

　多くの多細胞生物は、命のはじまりの受精卵・胞子という1つの細胞から数を増やして体をつくりますね。そして個体として成熟した後、一部の細胞（卵・精子・胞子）にみずからの情報をつめて子孫に伝えます。

　細胞が分裂するとき、遺伝子をのせた染色体というヒモを複製し、2つの細胞に分配します。この細胞分裂も、生殖細胞とその他の大部分の細胞で方式が異なります。この章では生物の生殖について学んでいきましょう。

Chapter 5　細胞分裂と生殖

Stage 44　無性生殖と有性生殖
そのメリット・デメリット

　卵と精子（精細胞）など2つの細胞を融合させて子孫を残す方式を有性生殖といいます。これとは別に、親個体が細胞分裂し、受精せずにそのまま子孫を増やすしくみを無性生殖といいます。無性生殖は親から分離する大きさで次のように分類されます。

表9. 無性生殖

①分裂	均等な大きさに分裂	ゾウリムシ・アメーバ・マラリア原虫
②出芽	小さなくびれで分離	ヒドラ・酵母（出芽酵母）
③栄養体生殖	茎や根などで増殖	サツマイモ（塊根）・ジャガイモ（塊茎）
④胞子生殖	小さな胞子を飛ばして増殖	カビ・キノコ

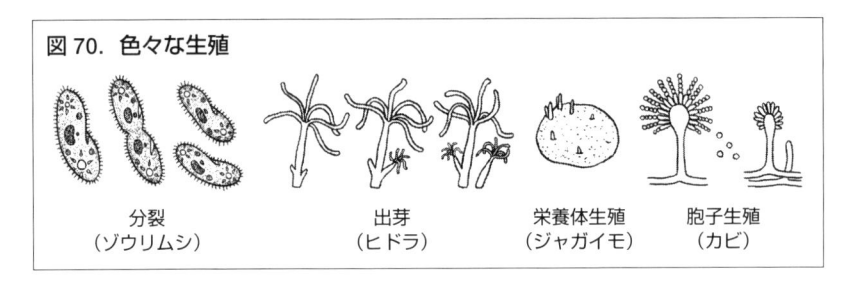

図70. 色々な生殖

　分裂　　　　　出芽　　　栄養体生殖　　胞子生殖
（ゾウリムシ）　（ヒドラ）　（ジャガイモ）　（カビ）

　図のように、無性生殖は体細胞分裂で増えた細胞を分離して子にしただけなので、**親と同じ均一な遺伝子構成**です。一方有性生殖は、つがいの組み合わせの多様性・減数分裂（染色体分配・乗換え）・受精の3段階を経るので、**遺伝子構成が多様な集団**となります。

繁殖速度で勝る無性生殖、多様性で勝る有性生殖

　無性生殖は親の体から分離すれば次々に子孫となるので、受精のプロセスを経なければならない有性生殖より繁殖速度が速いという特徴があります。

表10. 有性生殖と無性生殖のちがい

	無性	有性
繁殖力	○	△
遺伝子構成の多様性	△	○

2つを比べると、有性生殖をメインとする生物のほうが種が多いのはなぜでしょうか？　それは、**生物の長い歴史の中では遺伝子構成の多様な有性生殖集団のほうが、環境変化に適応できる個体の出現可能性が高く、種の分化・新種への進化につながりやすかったためでしょう。**

動物の場合、病原体（細菌やウイルス）が侵入した場合には、それに適応できる免疫タイプをもつ個体だけが生き残ることができます。病原体の侵入と、動物の有性生殖による多様な免疫タイプの獲得のせめぎ合いが、動物の進化を加速させてきたと考えられています。

アリマキ・ミジンコの巧妙な生き方

memo　　有性生殖と無性生殖を使い分けている生物がいます。アリマキやミジンコは、春から秋は単為生殖という方法で増えます。それは、未受精卵が受精せずに子ども（雌）になる「雌が雌を産む」というものです。この場合、卵は減数分裂でなく体細胞分裂でつくるので最初から2nです。受精を経ないため、親とまったく同じ遺伝子構成であり、無性生殖的な方法です。

ところが、秋になると、雌が産む卵から、雌と雄の2種類が生まれます。その雌雄は、受精して卵を残し、受精卵は越冬します。環境のよい春から秋は、繁殖力が高い無性生殖を選び、春に向けて遺伝子構成の多様性を生みだす有性生殖を行うのです。この使い分けには、有性生殖・無性生殖の特徴がよく表れています。

POINT 44

- ◆繁殖速度で勝る無性生殖、遺伝子構成の多様性で勝る有性生殖
- ◆有性生殖は遺伝子構成の多様な個体群を確立でき、環境変化に適応しやすい
- ◆病原体の変異と動物免疫タイプの多様性のせめぎ合いが進化を加速した

Chapter 5 ｜ 細胞分裂と生殖

Stage 45 細胞分裂のしくみ
父母から46本の「ヒモ」を受け継いだあなた

　有性生殖でも無性生殖でも、成長において細胞分裂は欠かせません。ここでは細胞分裂について学びましょう。

染色体と遺伝子

　活発に増殖している組織の細胞を顕微鏡で観察すると、核がはっきりみえます。また、核が消滅し、ヒモ状の構造がみえている細胞もみられます。このヒモ状構造は染色液によく染まるので染色体と名づけられました。染色体は時間がたつと両極に移動し、やがて2つの核に収納され、細胞も2つにわかれます。染色体は細胞に必要な遺伝子が詰まった束で、核の中に含まれているものが分裂のときにヒモ状にみえているのです。

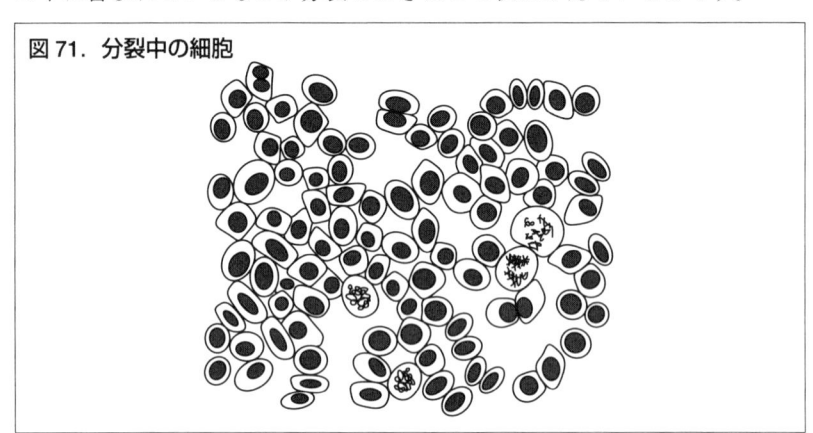

図71. 分裂中の細胞

染色体数

　細胞分裂時に出現する染色体数は生物によって異なることがわかり、さまざまな生物の染色体数が調べられました。その過程で、卵・精子になる直前の細胞では染色体の数が他の細胞の半分となっていることがわかりました。その後の研究により、卵・精子に含まれる染色体の組にその生物の

特徴を示す遺伝子が1セットそろっていることがわかり、染色体セットのことをゲノムとよび、細胞がゲノムを1セットもつ状態を一般式でn（単相）とよぶことにしました。体細胞はゲノムを2セットをもち、2n（複相）となっています。ヒトでは、細胞1個がもつ染色体の数は46本です。

表 11. 染色体数

	大部分の細胞	精子・卵（になる直前の細胞）
ヒト	46	23
ショウジョウバエ	8	4
イネ	24	12
一般生物	2n	n

　生まれたとき、ヒトの体重は約3kgで、約3兆個の細胞からなります。大人になると細胞数は60兆個にもなります。ところが細胞数が増えても、染色体数から遺伝子の中身にいたるまで基本的に同じなのです（紫外線による突然変異などで少しだけ変わっている場合もあります）。これは、受精卵の細胞の染色体をコピーして2細胞に分割する方式をずっとくり返してきたためです。この方式を体細胞分裂とよびます。

　それにしても、同じ遺伝子をもっているのにそれぞれの細胞は形もはたらきも異なりますね。その理由は、もっている遺伝子セットは同じでも使っている遺伝子の種類がちがうからです。

卵・精子だけは染色体数を半減させる減数分裂

　ただし、体の1箇所だけ例外があります。それは卵巣と精巣です。卵・精子づくりの場合だけは染色体数を46本→23本（2n→n）に半減させる分裂を行います。もし半減させずに卵・精子をつくれば、それが受精した受精卵は染色体数92本、孫は184本と矛盾したことになってしまいます。そこで、卵・精子をつくるときだけは、2n→nの分裂を行います。こうした分裂を減数分裂とよび、生殖細胞形成時のみに行われます。これについてはStage 48で学びます。

POINT 45

◆細胞分裂時にみえるヒモ（染色体）の数は各生物に固有
◆生殖細胞だけは、2n→nの減数分裂が行われる

Chapter 5　細胞分裂と生殖

Stage 46　ヒトの染色体とDNA

ヒトの染色体数は 46 本

　以下がヒトの細胞の染色体の状態です。これをみて気づくことは何でしょうか？

図 72. 男女の染色体比較

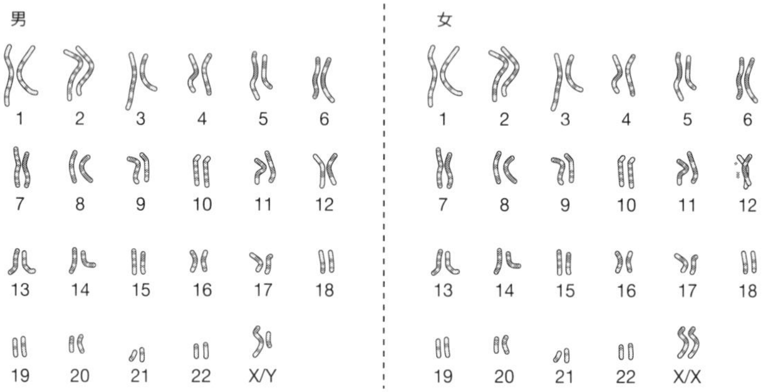

男　　　　　　　　　　　　　　女

1 2 3 4 5 6　　　　1 2 3 4 5 6
7 8 9 10 11 12　　　7 8 9 10 11 12
13 14 15 16 17 18　　13 14 15 16 17 18
19 20 21 22 X/Y　　　19 20 21 22 X/X

1. 46本の染色体があるが、23組の同形同大の染色体がある。これは1つが卵、もう1つが精子から受け継いだペアで相同染色体という。
2. 染色体には長い順に番号がつけられている（ただし番号をつけたあと21と22は長さが逆だとわかったので、21が一番短い）。
3. 最後の組だけ、女性と男性で形がちがう。

　図で男女とも最後にある組の染色体が性決定にかかわる染色体で、性染色体といいます。大型のものを X 染色体、小型のものを Y 染色体といいます。**性染色体以外は性決定に関与せず、常染色体とよばれます**（44 本）。性染色体の存在を表記する場合、（染色体総数，性染色体構成）という表記の仕方があります。ヒト女性は（46，XX）でヒト男性は（46，XY）、ショウジョウバエ雌は（8，XX）、雄は（8，XY）となります。

DNA がまきついた束、染色体

　手芸品店に行くと、細い糸がきれいに折りたたまれた束を売っていますね。染色体もほぼ同様で、幅 2 nm という細い DNA がきれいに折りた

たまれた構造です。染色体中では、全長が数 cm にもなる DNA をヒストンという球状タンパク質にまきつけたうえで何重にも折りたたむことにより、数 μm の大きさに収納しています。

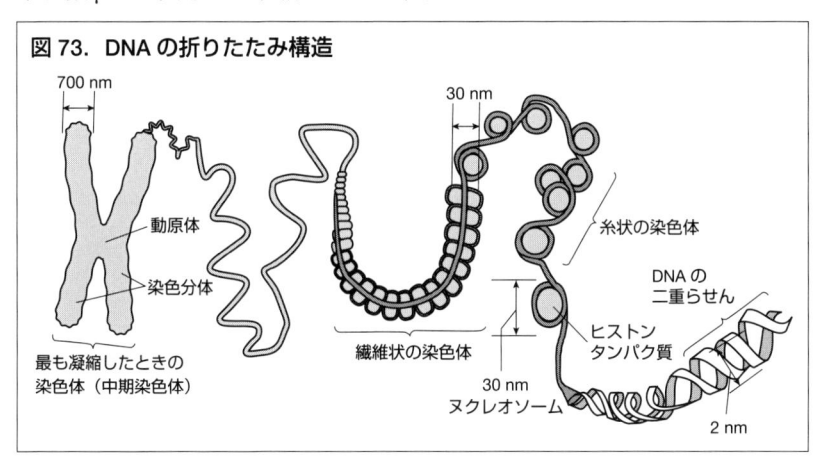

図 73. DNA の折りたたみ構造

- 700 nm
- 動原体
- 染色分体
- 最も凝縮したときの染色体（中期染色体）
- 繊維状の染色体
- 30 nm
- 30 nm
- ヌクレオソーム
- 糸状の染色体
- ヒストンタンパク質
- DNA の二重らせん
- 2 nm

遺伝子は DNA の中に散在する

　DNA のすべてが遺伝子としてはたらいているのでなく、遺伝子は DNA の中で散在しています。染色体上で遺伝子の存在する場所はほぼわかっているので、地図のように表されます。図は第9染色体ですが、有名な ABO 式血液型遺伝子がありますね。

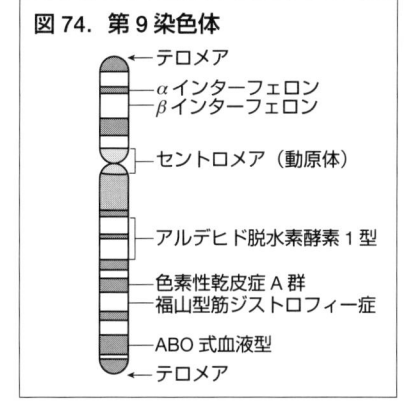

図 74. 第9染色体

- テロメア
- α インターフェロン
- β インターフェロン
- セントロメア（動原体）
- アルデヒド脱水素酵素1型
- 色素性乾皮症 A 群
- 福山型筋ジストロフィー症
- ABO 式血液型
- テロメア

POINT 46

◆ヒト染色体は 44 本（22 組）の常染色体と 2 本の性染色体
◆女性は（46, XX）、男性は（46, XY）
◆染色体は折りたたまれて収納されている

Chapter 5　細胞分裂と生殖

Stage 47　体細胞分裂のしくみ

コピーして分割する

核の遺伝子をコピーして分割していく体細胞分裂

　ここでは体細胞分裂のしくみをみていきましょう。染色体数4本（2n＝4）の生物を例にして分裂の流れを追っていきます（2n＝46のヒトでも同じしくみですが、46本も図に描ききれませんので2n＝4で説明します）。

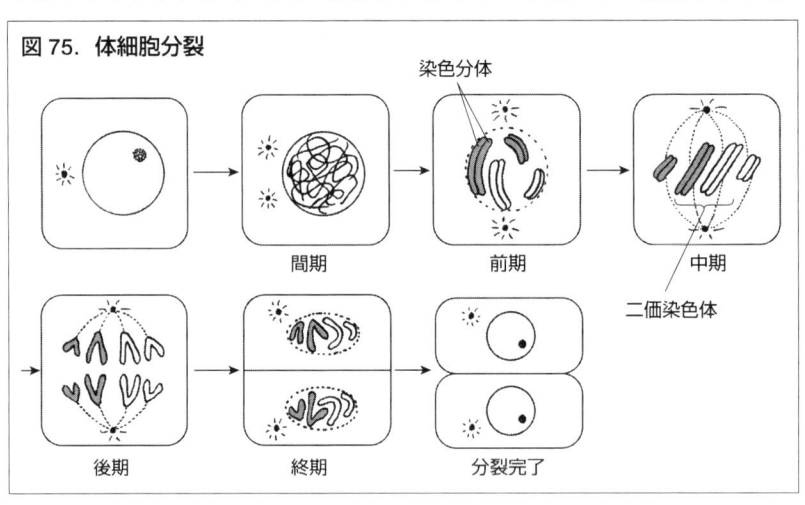

図75. 体細胞分裂

間期　前期　中期　後期　終期　分裂完了

染色分体　二価染色体

分裂には間期と分裂期の2つある

間期

　核にDNAが分散し、ヒモ状の染色体の動きがみえない時期（S期：DNA合成期）に、核の中でDNAが複製（コピー）され、分裂に向けた準備がなされています。S期の前は G_1 期（DNA合成準備期）、後は G_2 期（分裂準備期）で、次の段階に必要なタンパク質などを準備します。核内での複製の様子は、染色体状になっていないために顕微鏡でもみえません。図において、白い染色体は母の卵から受け継いだ染色体、黒い染色体

は父の精子から受け継いだ染色体を示します。

分裂期

　核が消滅する代わりに染色体が出現し、分裂がはじまります（前期）。そのときに出現するＸ字状の染色体は2本の染色分体（コピー）が動原体という部分でくっついたものとなっています。次に、染色体は赤道面（細胞の中央部）に並び（中期）、染色分体が両極に分離します（後期）。このとき、動原体にくっついて染色分体を両側に引っぱる糸を紡錘糸といい、これはチューブリンというタンパク質でできています。最後にそれぞれの染色分体は2つの核に収められ（後期）、細胞質も分離されて体細胞分裂は完了します。結果的にできた2つの細胞（娘細胞という）はもとの細胞（母細胞という）とまったく同じ染色体セットを引き継ぐことになります。完了時には染色体がみえなくなります。

「間期＋分裂期」で細胞周期

　間期と分裂期を経ると細胞分裂が終了し、細胞が2つになります。この時間を細胞周期 cell cycle といいます。細胞周期は組織によってさまざまです。**細胞周期の中で間期が占める割合は 90 ％以上にもなり、分裂期よりはるかに多い時間です。これは、DNA 合成や分裂の準備に時間がかかるからです。**

POINT 47

◆体細胞分裂は、間期→分裂期（前期 中期 後期 終期）と進む
◆間期＋分裂期で細胞周期

Chapter 5　細胞分裂と生殖

Stage 48　減数分裂のしくみ

染色体を「山分け」する

　以下は2n = 4（染色体数4）の生物での減数分裂の様子をまとめた模式図です。

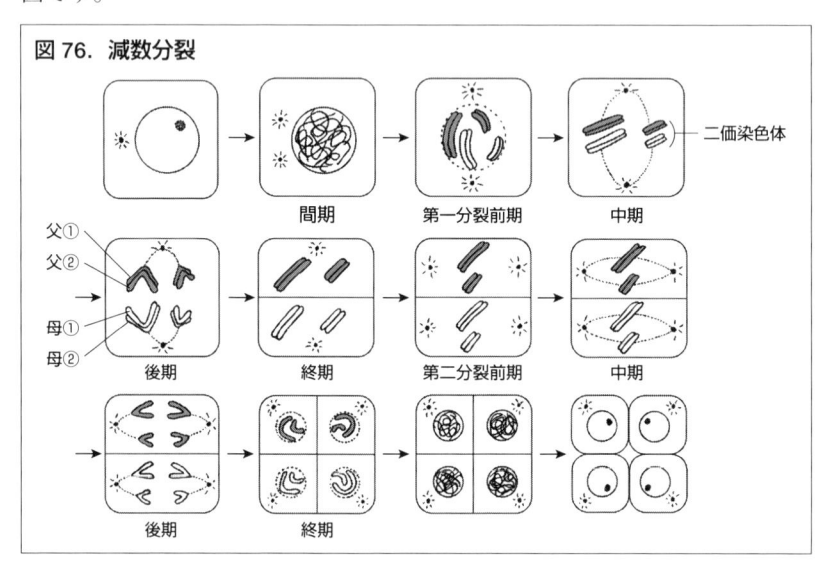

図76. 減数分裂

　減数分裂は2回連続の分裂で4個の細胞をつくる分裂であり、それぞれ第一分裂・第二分裂とよびます。最初の G_1・S・G_2 期は体細胞分裂と同じです。第一分裂は次のような流れになります。

表12. 減数第一分裂

前期	相同染色体が対合し二価染色体を形成する。相同染色体とは、卵由来（図で白い染色体）・精子由来（図で黒い染色体）の同形同大の染色体である。
中期	相同染色体が対合した二価染色体が赤道面に並ぶ。
後期	相同染色体それぞれが上下の細胞に引っ張られる。
終期	相同染色体が上下の細胞に分配される。

　第二分裂は次のような流れになります。

表 13. 減数第二分裂

前期	第一分裂終期と重なる。
中期	各染色体が赤道面に並ぶ。
後期	染色分体が分離し、細胞の両極に移動しはじめる。
終期	染色分体が左右の細胞に分離され、核が生じはじめる。

　第一分裂を終えると、最初に4種類あった染色体が各細胞2種類に減っているのが特徴です。まるで、まん中に置いた景品を上下の細胞で「山分け」しているみたいですね。第二分裂は体細胞分裂と類似しています。

体細胞分裂と減数分裂のちがい〜染色体数の動き

　1細胞あたりの染色体の種類数を染色体数といいます。Xの形の染色体で、染色分体（図の父①と父②）はまったく同じもののコピーなので1種類＝1本と数えます。つまり、「父①②」でも「父①」でも1本と数えます。父の精子由来の「父①②」と母の卵由来の「母①②」が対合した相同染色体は、似ていますが異なるので2種類＝2本と数えます。

　その数え方で1細胞あたりの染色体数を数えてみますと、前ページの体細胞分裂は「4本（分裂前期）→ 4本・4本（分裂後の2つの細胞）」となります。一方減数分裂は「4本（第一分裂前期）→ 2本・2本（第二分裂前期）→ 2本・2本・2本・2本（分裂終了時）」となります。種類数なので第二分裂では「2本 → 2本」となることに注意してください。

　一般式にすると、体細胞分裂は「2n → 2n・2n（染色体数不変）」、減数分裂は「2n → n・n → n・n・n・n（染色体数半減）」となり、減数分裂は受精に備えて染色体数を半減させるということができます。

POINT 48

◆体細胞分裂の染色体数の動きは 2n → 2n・2n
◆減数第一分裂で相同染色体が対合し分配されることが重要
◆減数分裂の染色体数の動きは 2n → n・n → n・n・n・n

Chapter 5 　細胞分裂と生殖

Stage 49　減数分裂が生みだす遺伝子の多様性
まだらになる染色体

　減数分裂で卵・精子をつくる様子を図示すると以下のようになります。

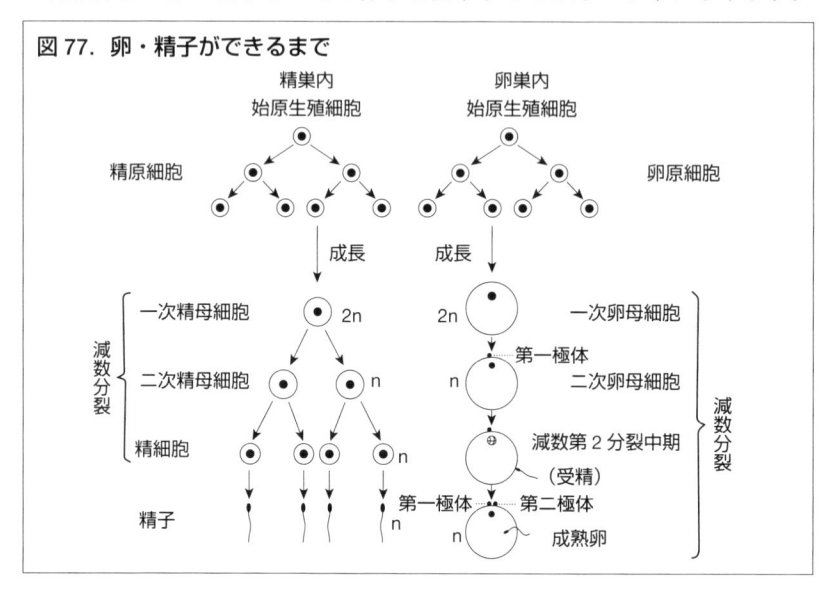

図 77. 卵・精子ができるまで

（精巣内　始原生殖細胞／卵巣内　始原生殖細胞
精原細胞／卵原細胞
成長
一次精母細胞 2n ／ 2n 一次卵母細胞
二次精母細胞 n ／ n 二次卵母細胞　第一極体
精細胞／減数第2分裂中期（受精）
精子／第一極体　第二極体　n　成熟卵
減数分裂）

　減数分裂直前の細胞を（一次）母細胞と名づけます。精子は大量に必要なため、精細胞は4つとも精子になりますが、一次卵母細胞の娘細胞のうち3つは退化・消失し、成熟するのは1つだけです。第一分裂でできる小さな細胞を第一極体、第二分裂でできる小さな細胞を第二極体といいます。
　さて、ここで染色体の動きをみてみたいのですが、相同染色体が対合するときに上下どのような組み合わせで並ぶかは自由です。卵や精子が受け継ぐ染色体には4種類の組み合わせがありえます。
　別の表記の仕方をすると、卵・精子のもつ染色体の組み合わせは

1組目の相同染色体	2組目の相同染色体
2通り（母由来か父由来か）×	2通り（母由来か父由来か）＝4通り

112

となります。2n（n組の相同染色体）の生物で考えると

| 1組目 | 2組目 | 3組目 | ・・・ | n組目 |
| 2通り | × 2通り | × 2通り | × ・・・ × 2通り | = 2^n通り |

よって2n = 46（23組）のヒトの卵では2^{23}通り、精子でも2^{23}通りで、同じ両親から生まれる兄弟姉妹の中でも、受精時の染色体の組み合わせは$2^{23} \times 2^{23} = 2^{46}$通りの多様性ができます。兄弟姉妹でも（一卵性双生児以外は）まったく同じ染色体を受け継いでいる人はほとんどいなく、皆遺伝子がちがうのです。

相同染色体は交差する

減数第一分裂前期に相同染色体が対合するとき、精子由来と卵由来の染色体が一部交差したあとに分離します。これによって染色体上の遺伝子の組み合わせはさらに多様になります。交差（乗換え）する場所をキアズマといい、その結果、染色体上の遺伝子の組み合わせが変わることを組換えといいます。このしくみで染色体・遺伝子はさらに多様になります。

減数分裂のミス〜異数体

相同染色体の対合後の分離のとき、1組の染色体がうまく分離せずに片側にきてしまった場合、染色体数は22・24本となります。それと正常な精子（23本）が結合した場合、子の染色体数は45・47本になります。これは異数体といい、染色体数の異常のために自然流産となったり遺伝疾患となったりします。

X染色体が1本少ないターナー症候群（45, X）と、第21染色体が1本多いダウン症候群が代表的です。

POINT 49

◆減数第一分裂前期の相同染色体の対合・分離は、2^n通りもの遺伝子型の多様性を生む
◆減数第一分裂前期の相同染色体の交差が、遺伝子の組換えにつながる

Chapter 5　細胞分裂と生殖

Stage 50　細胞周期制御と癌

細胞分裂を刻む時計の文字盤

　細胞周期においては、時計の文字盤のように周期を示す方法があります。時計と同じ右回りで、1回転が細胞周期となっています。

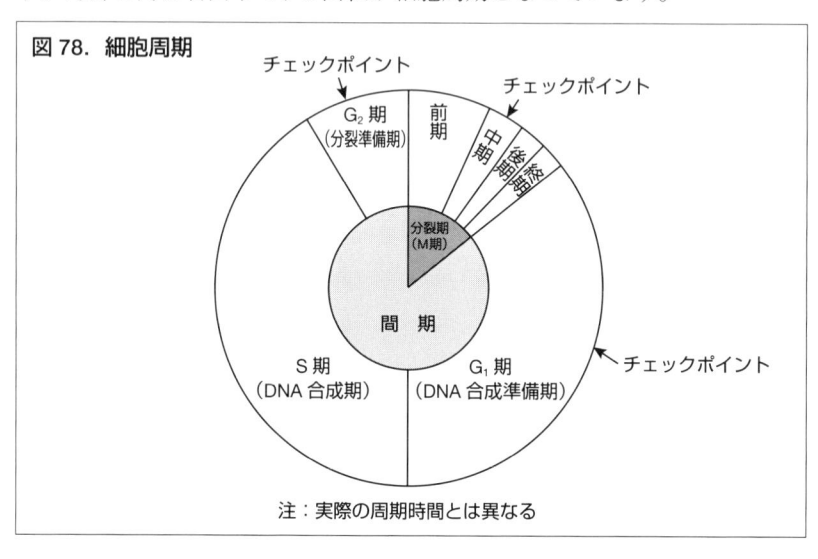

図78. 細胞周期

　すべての細胞が右回りを続けて分裂しているわけではありません。細胞分裂を停止してその組織の場所で分化し、特定の役割を担って細胞の寿命をまっとうする細胞もあります。そのような細胞は細胞周期から離脱したとみなされます（G_1期からS期に向かわずに上の文字盤から離脱するので、記号ではG_0期とします）。

チェックポイントとサイクリン

　分裂を継続している細胞は無条件で分裂を継続しているわけではありません。G_1、G_2・M、分裂中期にチェックポイントがあり、細胞内に染色体の状態をチェックするしくみがあります。細胞の遺伝子は紫外線などの影響で少しずつ変異していますし、染色体の複製や分離も失敗することがあ

ります。それを放置せずチェックをしているのです。

G_1 チェックポイント	DNAに過剰な傷（変異）はないか？
G_2・Mチェックポイント	DNAは複製されたか？　分裂に必要な物質はそろったか？
分裂中期チェックポイント	紡錘糸は各相同染色体を両側に分離できるように張られたか？

　これらのチェックにひっかかった細胞は、分裂を停止したり、遺伝子を修復したり、細胞を破壊したりします。Stage 49で述べた染色体の不分離は、このチェックがはたらかなかったものです。

　一方、各チェックを乗り越え、細胞周期を進めようとする物質群もあり、回転させるという意味でサイクリンといいます。

G_1 チェックポイントではたらくがん抑制遺伝子

　G_1 チェックポイントではたらくのが p53 遺伝子からつくられた p53 タンパク質です。p53 タンパク質に染色体のDNAチェックをしたうえで、状態別に次のような司令をだします。

| DNAの変異が少ない→そのまま通す |
| DNAの変異が中程度→細胞周期をいったん止め、DNA修復酵素を動員して修復させたうえで細胞周期再開 |
| DNAの変異が多い　→細胞死（アポトーシス）をさせる |

　DNA変異の中には、細胞の正常な機能にはたらいているものの、変異して発現すると細胞周期を過剰に進めさせる遺伝子変異があります。これをがん遺伝子といいます。p53遺伝子はその暴走をストップできるのでがん抑制遺伝子といいます。がん遺伝子が暴走し、さらにがん抑制遺伝子がはたらかなくなると、癌が進行します。がん細胞の遺伝子を調べると高頻度に p53 遺伝子変異が発見されます。

POINT 50

◆細胞周期を制御するサイクリンなどのタンパク質が存在する
◆ G_1 チェックポイントを担う p53 遺伝子（がん抑制遺伝子）

練習問題

問1 ヒドラの生殖方式を何というか。

問2 有性生殖の利点を述べよ。

問3 ミジンコが無性生殖的に増殖する時期はいつか。

問4 ヒトの染色体数はいくつか。

問5 ショウジョウバエの染色体数はいくつか。

問6 間期の真中の時期は何か。

問7 分裂期で染色体が両側に移動している時期は何か。

問8 「間期＋分裂期」の1サイクルを何というか。

問9 減数分裂第一分裂前期には何がおこるか。

問10 精子・卵のもととなる減数分裂開始直前の細胞は何か。

問11 卵形成の減数分裂第一分裂で放出される小型細胞は何か。

問12 減数分裂が多様性を生みだすしくみを2つ書け。

問13 2n＝12の生物がつくる卵・精子の染色体の組は何通りか。

問14 ヒトで染色体数が45本、47本となった個体を何というか。

問15 細胞周期から離脱した細胞の周期は何と表現するか。

解答

問1：出芽

問2：遺伝子構成が多様になることで、環境変化に適応できる個体の出現可能性が高くなり、進化につながる

問3：春～秋

問4：46本

問5：8本

問6：DNA合成期（S期）

問7：後期

問8：細胞周期

問9：相同染色体対合（二価染色体形成）

問10：一次卵母細胞・一次精母細胞

問11：第一極体

問12：染色体の組み合わせ・乗換え

問13：$2^6 = 64$ 通り

問14：異数体

問15：G_0 期

□メンデルの法則
□血液型で遺伝を理解しよう
□ABO式・Rh式血液型の遺伝
□遺伝疾患の分類
□伴性遺伝
□連鎖と染色体異常

Chapter 6
遺伝のしくみ

　生体は卵と精子からの遺伝子を引き継いでつくられます。卵・精子から受け継いだ2つの遺伝子の関係でさまざまな遺伝現象がおきてきます。特にヒトの体と病気の遺伝を中心にして、その原理を学んでいきましょう。

Chapter 6　遺伝のしくみ

Stage 51　メンデルの法則

AAとaaはホモ、Aaはヘテロ

　かつては「子の性質は両親の性質が混ざったものとなる」と考えられてきました。これに対してはじめて科学的な実験による検証を行い、遺伝の法則を発見したのがメンデルです。メンデルは、エンドウマメの遺伝形質の1種類について調べる実験（一遺伝子雑種）と、2種類について同時に調べる実験（二遺伝子雑種）を行いました。

一遺伝子雑種の実験結果とその説明

```
              めしべ        おしべ
P（親世代）   丸の品種AA ― しわの品種aa
              卵A          精細胞a
F1（子世代）  すべて丸Aa ― Aa（F1の精細胞と卵の交配）
F2（孫世代）      丸    ：   しわ
                  3    ：    1
              （AA・2Aa）   （aa）
```

1. 各個体は形質を示す遺伝子を両親から1つずつ受け継ぎ、2つもつ。
2. 配偶子（卵・精子）をつくるとき、2つの要素（遺伝子）のうち1つを送りだす（Aaの場合、配偶子はA：a＝1：1となる。これを分離の法則とよぶ）。
3. 両親から受け継いだ性質のうち表に表れやすい性質（優性）が発現する。優性の側を英語の大文字で示す（優性の法則）。

　その配偶子どうしが受精してF2（孫世代）ができる様子を表にすると、上記の結果が記号で説明できます。

	A	a
A	AA	Aa
a	Aa	aa

遺伝記号に関する約束

1. 優性を大文字、劣性を小文字で示す。
2. 2n の場合、相同染色体上に 2 遺伝子ある。これを対立遺伝子とよび、同じ遺伝子をもつ場合をホモ接合体、異なる遺伝子をもつ場合をヘテロ接合体という。
3. 個体がもつ遺伝子の型を遺伝子型、表れる形質を表現型とよぶ。

遺伝子型	表現型	接合の型
AA	丸〔A〕	ホモ接合体
Aa	丸〔A〕	ヘテロ接合体
aa	しわ〔a〕	ホモ接合体

二遺伝子雑種の実験結果とその説明

メンデルは種子の形(丸・しわ)と色(黄・緑)に同時に注目して交雑実験を行い、以下の結果を得ました。

P	丸・黄(AABB) ― しわ緑(aabb)			
F1	丸黄(AaBb) ― 丸黄(AaBb)			
F2	丸黄:丸緑	:	しわ黄:しわ緑	
	[AB] [Ab]		[aB]	[ab]
	9 3		3	1

F1 のめしべで卵ができるときの減数分裂で AaBb から AB、Ab、aB、ab の 4 種の卵が同じ確率で生じます。精細胞ができるときでも同じだったと仮定すると下記の表となります。また、Aa 遺伝子と Bb 遺伝子のように、遺伝子の組み合わせが自由であることを独立の法則とよびます。

	AB	Ab	aB	ab
AB	AABB	AABb	AaBB	AaBb
Ab	AABb	AAbb	AaBb	Aabb
aB	AaBB	AaBb	aaBB	aaBb
ab	AaBb	Aabb	aaBb	aabb

POINT 51

◆メンデルは一遺伝子雑種の実験結果から優性・分離の法則を提唱
◆二遺伝子雑種の実験結果から独立の法則を提唱

Chapter 6　遺伝のしくみ

Stage 52　血液型で遺伝を理解しよう
血液型発見の歴史

1900 年にラントシュタイナーによって発見された ABO 式・Rh 式血液型は、今では 20 以上の型がわかっています。**血液型は赤血球表面の物質（タンパク質か糖鎖）の種類の個人差です。**この個人差は健康状態では意識されることなく、それが問題となるのは、主に他人の血液を輸血するときです。

輸血失敗は免疫反応でおこる

ABO 式血液型において、各血液型のヒトは赤血球と血しょうにそれぞれ以下のような物質を含みます。

表 14．凝集原と凝集素

	赤血球表面（凝集原）	血しょう（凝集素）
A 型	A	β
B 型	B	α
AB 型	A と B	なし
O 型	なし	$\alpha \cdot \beta$

A と α、B と β が一緒になると抗原抗体反応がおこるのですが、A 型遺伝子をもつヒトは α 凝集素をもたず、B 型遺伝子をもつヒトは β 凝集素をもたないので抗原抗体反応はおきません。しかし、B 型の血液を間違って A 型のヒトに輸血すると、B 型赤血球表面の B と A 型血しょう中の β が抗原抗体反応で凝集してしまいます（赤血球凝集反応）。現在は、事前に血液型を調べ、同じ血液型の血液を輸血するようにしています。

抗 A 血清・抗 B 血清での血液型判定

病院には試薬として、α を含む抗 A 血清と β を含む抗 B 血清が用意されています。意識不明で血液型不明の患者が搬送されてきても、この 2 つの試薬に患者の血液を落とせば血液型が判明します。

表 15. 血液型判定

血液型不明患者	?	?	?	?
抗 A 血清	+	+	−	−
抗 B 血清	+	−	+	−
判定	AB 型	A 型	B 型	O 型

Rh 式血液型

アカゲザルの赤血球をウサギに注射して、ウサギが生成したアカゲザル赤血球表面の物質に対する抗体をヒトの赤血球に反応させ、凝集するヒトを Rh+ 型、凝集しないヒトを Rh− 型と命名しました。

Rh− 型の母が Rh+ 型の父と結婚して Rh+ 型の第一子を生むと、出産時に第一子由来の Rh^+ 型血液が母に混入し、母は未経験の Rh+ 型に対する抗 Rh 抗体をつくります。その母がまた Rh+ 型の第二子を妊娠した場合、母の血液の抗 Rh 抗体が母胎内の第二子に侵入し、第二子の赤血球を攻撃してしまう新生児溶血反応がおきます。程度によっては放っておいても大丈夫な場合もありますが、重篤な場合は新生児の抗体を除去するために交換輸血をします。

白血球の血液型？ HLA（MHC）

輸血の際に問題となるのは血液型ですが、骨髄移植・臓器移植では、ヒト白血球抗原（HLA）のタイプがドナー（供給者）とレシピエント（患者）と一致しないと拒絶反応がおこることがわかり、医療上重要な指標とされました。その後、この HLA は白血球のみならず全細胞が普遍的にもつ物質とわかり、主要組織適合性抗原複合体（MHC）と名づけられました。私たちの細胞性免疫は自分の MHC と他人の臓器の MHC を判別し、他人の臓器の MHC を攻撃することがわかってきました。

POINT 52

◆凝集原・凝集素― A 型（A・β） B 型（B・α） O 型（α・β） AB 型（A・B）
◆抗 A 血清・抗 B 血清への反応で ABO 式血液型検査

Chapter 6　遺伝のしくみ

Stage 53　ABO式・Rh式血液型の遺伝
AAもAOも「A型」

　それでは、ABO式血液型の遺伝方式はどうなっているでしょうか？ABO式血液型遺伝子は第9染色体に存在しています（→ Stage 46）。ABO式血液型遺伝子には、A遺伝子・B遺伝子・O遺伝子の3タイプがあり、ヒトは両親から1本ずつ第9染色体を受け継ぐので、「AB・AA・AO・BB・BO・OO」の6つの遺伝子型があります。

　前のStageで説明したように、ABO式血液型は赤血球表面の凝集原のちがいで決まります。A遺伝子は、赤血球表面に凝集原Aを付加する遺伝子、B遺伝子は凝集原Bを付加する遺伝子、O遺伝子は何も付加しない遺伝子です。

　したがって、遺伝子型AA、BBの場合はそれぞれA型、B型、遺伝子型ABの場合はAB型、遺伝子型OOの場合はO型となります。

　AO、BOの場合は、それぞれA型・B型となります（結果としてOの性質はAやBに隠れることになり、劣性となります）。

A型・B型夫婦の子どもの血液型は？

　A型・B型夫婦の子どもの血液型を考えてみましょう。A型にはAA・AO、B型にはBB・BOの可能性があります。夫婦の遺伝子の組み合わせは4通りあり、子の遺伝子型の可能性は次のようになります。

表16. 親と子の血液型

両親		子どもの可能性
AA	BB	AB（AB型）のみ
AA	BO	AB（AB型）・AO（A型）
AO	BB	AB（AB型）・BO（B型）
AO	BO	AB（AB型）・AO（A型）・BO（B型）・OO（O型）

　このように、遺伝を考えるときは両親の表現型を知るだけでは不十分で、どの遺伝子型であるか（どの遺伝子型の可能性があるか）も考えなけ

ればなりません。

Rh式血液型の遺伝

　Rh式血液型は単純なメンデル一遺伝子雑種の遺伝と同じです。タンパク質抗原であるRh物質を発現する遺伝子をRh+、発現しない遺伝子をRh– とよび、「Rh+ Rh+」と「Rh+ Rh–」の場合はRh+型、「Rh– Rh–」のときのみRh–型となります。

📝memo　A型、O型だらけのイギリス人

　日本人の血液型の比率は、おおよそ「A型：O型：B型：AB型＝4：3：2：1」です。「あおばぶ（AOBAB）の順に4321」と語呂合わせをすると忘れませんね。

　ところが、この比率は民族によって異なります。中国人（広東）の場合2：5：2：1、イギリス人の場合4：5：1：0（AB型は非常に少ない）です。

📝memo　誰の子？

　AB型とO型夫婦の子供はAB-OOなのでAO（A型）かBO（B型）のはずですね。ところがまれに、この組み合わせの夫婦からO型やAB型が生まれる家系があることがわかりました。いろいろ調べた結果、ABO式遺伝子を保持する第9染色体に特殊なものがあることがわかってきました。通常の第9染色体はA遺伝子かB遺伝子のどちらかしか保持しませんが、まれにAとB両方の凝集原を合成できる遺伝子を保持する場合があり、cis ABとよびます。

　たとえば、AB型（cis ABとO）・O型（OO）の夫婦からはAB型（cis ABとO）・O型（OO）の子どもが生まれることになります。このため、AB型とO型の夫婦からAB型、もしくはO型の子が生まれることがあるのです。

POINT 53

- ◆遺伝子型ABはAB型、AAとAOはA型、BBとBOはB型、OOはO型
- ◆「Rh+ Rh+」・「Rh+ Rh–」＝ Rh+型、「Rh– Rh–」＝ Rh–型

Chapter 6　遺伝のしくみ

Stage 54　遺伝疾患の分類
優性遺伝と劣性遺伝の比較

疾病には環境要因と遺伝要因がかかわります。事故での外傷のように明らかに環境要因が多い場合、先天遺伝性疾患のように遺伝要因が多い場合もありますが、両者は混在しています。

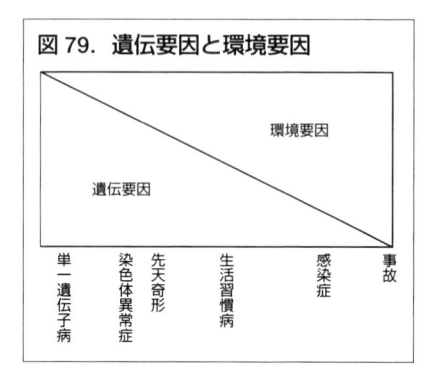

図79. 遺伝要因と環境要因

（図：左から「単一遺伝子病」「染色体異常症」「先天奇形」「生活習慣病」「感染症」「事故」の順に、遺伝要因が減少し環境要因が増加することを示す図）

遺伝子が関与した疾患

1. 単一遺伝子病

特定の染色体上のある遺伝子の有無（健常遺伝子とヘテロになった場合発病するのが優性、発病しないのが劣性）で発病が決まります。

　A　常染色体上劣性遺伝病

　　常染色体上のある場所に原因遺伝子があり、それを両親から受け継ぎ、遺伝子型がホモの場合のみ発病します。フェニルケトン尿症などがあげられます。

　B　常染色体上優性遺伝病

　　常染色体上に1つでも遺伝子をもつと発病します。ただし発病年齢が子どもを残した後に発病することも多く、子孫に遺伝子が伝えられます。ハンチントン舞踏病などが例です。

　C　X染色体上劣性遺伝病（→ Stage 55）

　　性染色体のX染色体上に存在し、Y染色体には存在しない遺伝子によって発病します。女性の染色体はXXなのでヘテロで優性遺伝子をもつと発病しませんが、男性はXYなので、遺伝子をもてば必ず発病し、

男性のほうに高頻度となります。血友病・赤緑色覚異常などがあります。

　D　X染色体上優性遺伝病

　　ビタミンB抵抗性くる病など。

2. 染色体異常症（→ Stage 49）

　染色体数の増減による疾患（→ターナー症・ダウン症）や構造異常による疾患。

3. ミトコンドリア病（→ p.98のコラム）

　ミトコンドリア内にもDNA（ミトコンドリアDNA）があり、ミトコンドリア自身の使うリボソームや酵素の遺伝子を指定しています。この遺伝子の異常のため、グルコース分解・ATP生産がうまくいかなくなる疾患をミトコンドリア病といいます。ミトコンドリアは卵のみから受け継がれ、精子には由来しないので、母系遺伝となります。

4. 多因子遺伝病（→ Stage 31）

　1つの遺伝子だけでなく、多数の遺伝子の組み合わせと環境因子の複合でおきる病気です。多くの生活習慣病が含まれます。

常染色体上優性遺伝・劣性遺伝の家系図比較

　この家系図からどんな特徴がわかるかを考えてみましょう。

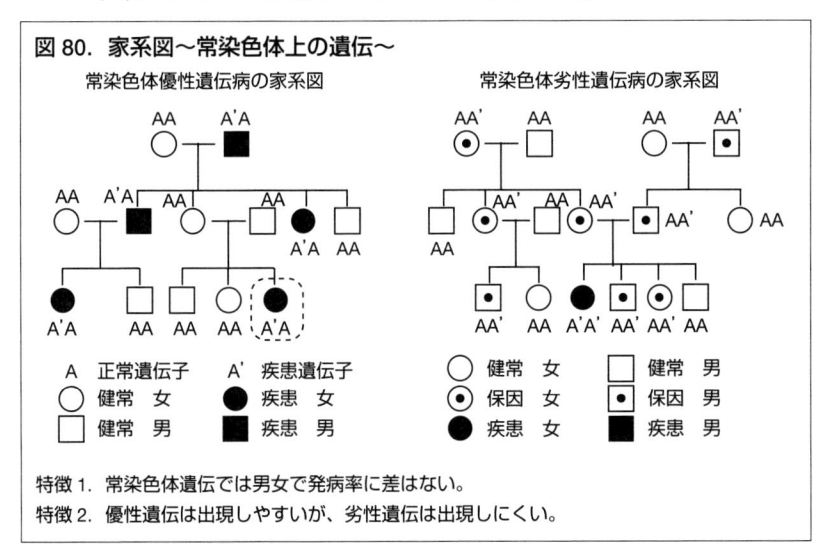

図80. 家系図〜常染色体上の遺伝〜

常染色体優性遺伝病の家系図　　常染色体劣性遺伝病の家系図

A　正常遺伝子　　A'　疾患遺伝子
○　健常　女　　　●　疾患　女
□　健常　男　　　■　疾患　男

○　健常　女　　　□　健常　男
⊙　保因　女　　　⊡　保因　男
●　疾患　女　　　■　疾患　男

特徴1. 常染色体遺伝では男女で発病率に差はない。
特徴2. 優性遺伝は出現しやすいが、劣性遺伝は出現しにくい。

Chapter 6 遺伝のしくみ

　常染色体優性遺伝でも劣性遺伝でも、健常遺伝子のホモ接合体 AA ならば健常、疾患遺伝子のホモ接合体 A'A' ならば疾患となる点は同じです。ちがうのはヘテロ接合体 AA' の場合です。

　優性遺伝疾患の場合は AA' で発病します。A' の性質が A の性質を隠して発現するため、優性遺伝疾患とよばれます。

　劣性遺伝疾患の場合は AA' で発病せず、保因者とよばれます。A' が A によってはたらきが隠されるため、劣性遺伝疾患とよばれます。優性遺伝疾患は A' 1つで発病するので発病可能性が高く、劣性遺伝疾患は A'A' にならないと発病しないので発症可能性は低くなります。

　これらの病気は親からの遺伝だけではありません。図の◌で示した部分は、親はその疾患遺伝子をもっていなくても、卵・精子形成過程でその疾患遺伝子に変異したことを示します。誰の子どもでも遺伝疾患を発症する可能性を秘めています。

POINT 54

◆環境因子と遺伝因子のかね合いで疾患は発症する
◆疾患は単一遺伝子病（常染色体上優性・劣性、X 染色体上優性・劣性）、染色体異常症、ミトコンドリア病、多因子遺伝病に分類される

代謝性疾患 *(column)*

ヒトの遺伝疾患でよく調べられているのが代謝性疾患です。⑦の酵素（フェニルアラニン水酸化酵素）が欠損するとこの反応ができず、脳を障害し発達を遅らせるフェニルピルビン酸が蓄積し、一部はフェニルケトンになって尿に検出されます。これをフェニルケトン尿症といいます。①の酵素が欠損するとアルカプトンが分解されず、尿にでて尿を黒くするアルカプトン尿症（黒尿症）となります。⑦が欠損すると、皮膚を黒くする色素であるメラニンができず、アルビノ（白子症）となります。

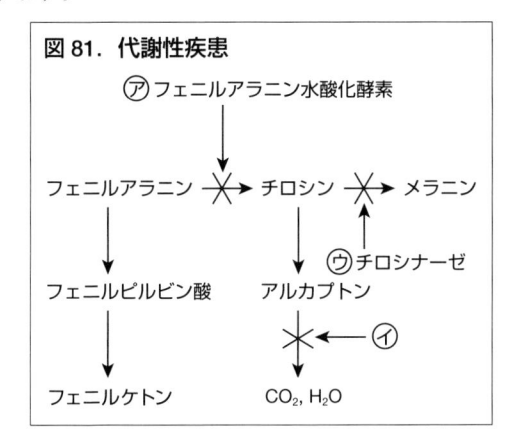

図81. 代謝性疾患

⑦フェニルアラニン水酸化酵素

フェニルアラニン —✗→ チロシン —✗→ メラニン
　　　　　↓　　　　　　　　↓　　　↑
　　　　　　　　　　　　　　　　⑦チロシナーゼ
フェニルピルビン酸　　アルカプトン
　　　　　↓　　　　　　　　✗ ← ①
フェニルケトン　　　　CO_2, H_2O

フェニルケトン尿症の子どもが生まれる確率は、日本人では8万人に1人です。フェニルケトン尿症は劣性遺伝疾患のため、遺伝子型がホモにならないと発病しませんが、ヘテロの保因者は150人に1人（満員電車の2車両に1人）は存在する計算になります。その意味で、誰もがなんらかの劣性遺伝疾患遺伝子を保持している可能性があるのです。

Chapter 6 遺伝のしくみ

Stage 55 伴性遺伝
色覚異常が男性に多いわけ

ヒトの性決定様式

ヒトの場合、性染色体を XX ともつと女性、XY ともつと男性です（→ Stage 46）。それは卵・精子を通じて次のようにくり返されていきます。

表 17. 染色体構成

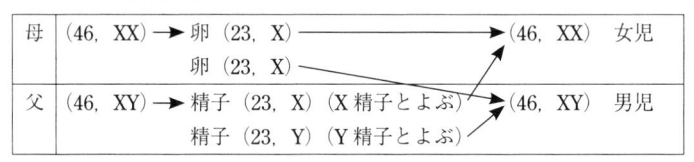

母	(46, XX) →	卵 (23, X)	→ (46, XX)	女児
		卵 (23, X)		
父	(46, XY) →	精子 (23, X)（X 精子とよぶ）	→ (46, XY)	男児
		精子 (23, Y)（Y 精子とよぶ）		

精子中において X 精子と Y 精子が占める割合は半々です。**X 精子が受精すれば女児が、Y 精子が受精すれば男児が生まれます。**

伴性遺伝

性染色体以外の常染色体上の遺伝子の遺伝現象は、男女で出現比は同じです。たとえば日本人では、ABO 式血液型は、男女とも A 型：O 型：B 型：AB 型 = 40 %：30 %：20 %：10 %ですし、フェニルケトン尿症は男女とも 8 万人に 1 人です。ところが性染色体上の遺伝子では性決定にかかわる染色体上でその遺伝子が移動するので、男女で出現比が異なります。赤緑色覚異常（赤と緑を識別しにくい）は、女性では 400 人に 1 人、男性では 20 人に 1 人です。

Y 染色体は男性化を促進する役割を担っていますが、それ以外に遺伝子はほとんどもちません。したがって Y 染色体上の遺伝現象は考えなくてよいです。しかし X 染色体上には 500 以上のさまざまな遺伝子がのっています。女性は X 染色体を 2 本もち、男性は 1 本しかもたないことの差が遺伝形質の発現に関与しています。

X染色体上劣性遺伝—赤緑色覚異常

性染色体上の遺伝子による遺伝現象を伴性遺伝といいますが、その中で最も代表的なX染色体上劣性遺伝の例を、赤緑色覚異常で考えてみましょう。この図からどんな特徴が読み取れるでしょうか。

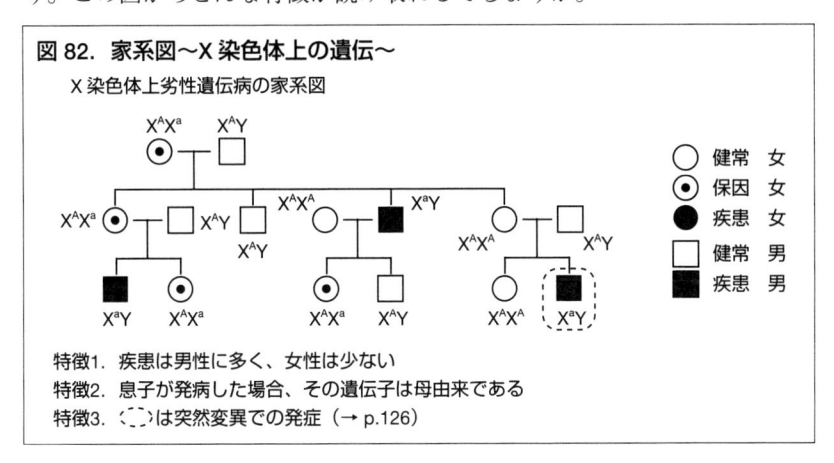

図82. 家系図〜X染色体上の遺伝〜
X染色体上劣性遺伝病の家系図

○ 健常　女
⊙ 保因　女
● 疾患　女
□ 健常　男
■ 疾患　男

特徴1. 疾患は男性に多く、女性は少ない
特徴2. 息子が発病した場合、その遺伝子は母由来である
特徴3. ⌐ ¬は突然変異での発症（→ p.126）

色覚異常遺伝子をa、健常遺伝子をAとすると、

男性は　X^AY（健常）　X^aY（色覚異常）
女性は　X^AX^A（健常）　X^AX^a（健常、保因者）　X^aX^a（色覚異常）

の可能性があります。Y染色体にはこの遺伝子と関係ないので、男性の表現型はX染色体のみで決まり、X^A（健常）かX^a（色覚異常）かどちらかです。女性は発病していなくても保因者（X^AX^a）である可能性があります。

POINT 55
◆卵＋X精子で女児（46, XX）、卵＋Y精子で男児（46, XY）
◆X染色体上の遺伝子は伴性遺伝
◆伴性劣性遺伝は男児で出現率が高い

| Chapter 6 | 遺伝のしくみ

Stage 56 連鎖と染色体異常
がん細胞たちは無秩序

連鎖と独立

　注目する2つの遺伝子が別々の染色体上に存在することを遺伝子の独立といい、この遺伝にはメンデルの独立の法則が成り立ちます（→ Stage 51）。

　一方、2つの遺伝子が同一染色体上に存在することを連鎖といい、両遺伝子は同じ染色体上にあるため、遺伝の際に卵・精子に一緒に入っていきます。このため独立の法則は成り立ちません。

　連鎖する2遺伝子間も不変ではありません。減数分裂第一分裂の相同染色体対合のときに染色体の一部が交差し、遺伝子の組み合わせが変わることがあります。これを連鎖・組換えといい、遺伝現象を多様にします（→ Stage 49）。

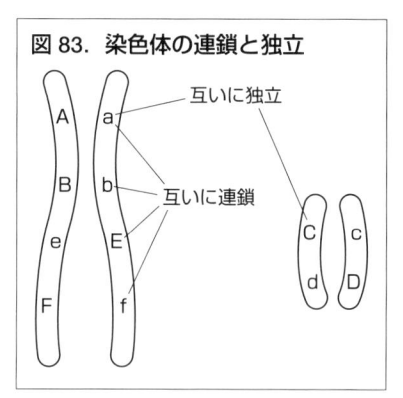

図83. 染色体の連鎖と独立

頻繁におきる卵・精子での染色体異常

　受精ではいつも46本の染色体をもつ受精卵が生じるわけではありません。卵が減数分裂の過程で染色体異常となる確率は20％、精子が染色体異常となる確率は15％もあります。なかには受精時に多精拒否（→ Stage 59）がうまくいかずに2つの精子が卵に入り、3nとなる受精卵もあります。そこまでならなくても、染色体不分離によって染色体が45本や47本となる例もあります。その場合、自然流産するか、異数体の遺伝疾患になることは先に述べました。

　さらに、見かけ上は46本の染色体をもっていても、染色体の一部に次

のような変化がおきることが知られています。これを染色体の構造異常といいます。

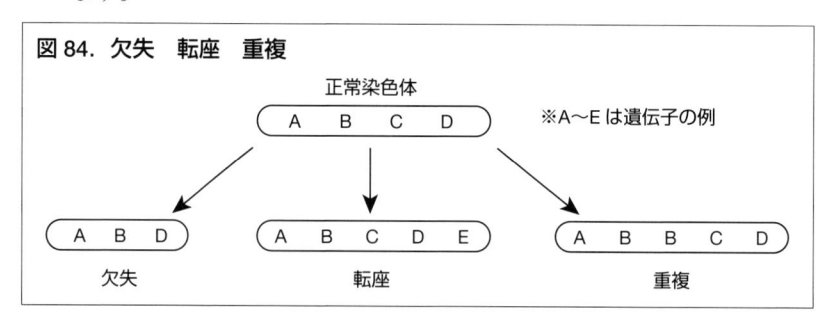

図 84. 欠失　転座　重複

正常染色体
(A　B　C　D)　※A〜E は遺伝子の例

(A　B　D)　　(A　B　C　D　E)　　(A　B　B　C　D)
欠失　　　　　　　転座　　　　　　　　重複

癌は体細胞遺伝病

　癌には遺伝因子もありますが、最終的には体細胞におきた突然変異で発病します。親から受け継いだ生殖細胞にもともとあった遺伝子だけで発病する病気を単一遺伝子病といいますが、普通は遺伝疾患に分類しません。しかし発病時には体細胞の遺伝子が変異しているため、体細胞遺伝病と表記することがあります。

　癌は細胞が無秩序に分裂を続け、なおかつもとの場所から離れて広がっていく性質があります（転移）。無秩序な細胞の分裂にかんしては、がん原遺伝子とがん抑制遺伝子がかかわっています。がん原遺伝子は ras などが代表で、普段は細胞周期を適度に進めている遺伝子が、変異してがん遺伝子になると暴走をはじめます。これは両親由来の 2 つの遺伝子のうち、1 つの変異でもおきます。

　p53 などのがん抑制遺伝子がはたらいていると、暴走をストップできます。しかしそのがん抑制遺伝子が両親由来とも変異して機能を停止すると、がん化がスタートしてしまいます。がん化を進めるものは紫外線・有害化学物質などですが、それらがなくても DNA の複製・発現の過程である頻度で進みます。

POINT 56

◆がん原遺伝子・がん抑制遺伝子両者の変異でがん化がスタートする
◆染色体構造異常には欠失・転座・重複がある

練習問題

問1 一遺伝子雑種実験から得られたメンデルの法則は何か（2つ）。

問2 丸×しわの交雑でのF2の表現型分離比はいくつか。

問3 二遺伝子雑種実験から得られたメンデルの法則は何か（1つ）。

問4 丸黄×しわ緑の交雑でのF2の表現型分離比はいくつか。

問5 ABO式・Rh式血液型の発見者は誰か。

問6 A型の人がもつ凝集原と凝集素は何か。

問7 「抗A血清検査−、抗B血清検査＋」の人の血液型は何か。

問8 全細胞がもち、細胞性免疫の標的となることができる細胞表面物質は何か。

問9 子の赤緑色覚異常遺伝子は、父と母どちらの由来か。

問10 AO×BOから生まれる血液型の表現型・遺伝子型を書け。

問11 Rh+型のヒトはどの生物の赤血球表面の抗原と類似抗原をもつか。

問12 染色体の構造異常を3つあげよ。

問13 チロシンからメラニンを合成する酵素が欠損していることによって発症する疾患は何か。

問14 性染色体XXの人は男・女どちらか。

問15 精子の染色体構成を2つ書け。

解答

問1：優性の法則・分離の法則
問2：丸：しわ＝3：1
問3：独立の法則
問4：丸黄：丸緑：しわ黄：しわ緑 ＝9：3：3：1
問5：ラントシュタイナー
問6：凝集原A　凝集素β
問7：B型
問8：MHC（HLA）
問9：母
問10：AB型（AB）、A型（AO）、B型（BO）、O型（OO）
問11：アカゲザル
問12：欠失・転座・重複
問13：アルビノ（白子症）
問14：女
問15：(23, X) (23, Y)

☐祖母の体の中ではじまっていた？　あなたの命
☐卵と精子の成熟
☐受精
☐胎児と胚膜
☐発生総論
☐カエルの発生
☐母性因子と誘導物質

Chapter 7
発生

　わずか直径 150 μm のヒト受精卵は、母胎内で成長する間に 3 兆個もの細胞に増えます。各細胞が適所に位置し、それぞれの役割を果たすように分化しながら体ができあがっていくことは、本当に不思議なことですね。
　受精卵がそれぞれの生物の姿になっていくプロセスを発生といいますが、それは従来ウニやカエルで詳しく調べられてきました。本書ではそれらの研究でわかってきたことを加味しながら、特にヒトの発生に力点をおいて説明していきます。一緒に生命の起源をたどっていきましょう。

Chapter 7 発生

Stage 57 祖母の体の中ではじまっていた？ あなたの命
始原生殖細胞はアメーバ？

下図は卵と受精後約1ヶ月（3週）のヒト胚です。

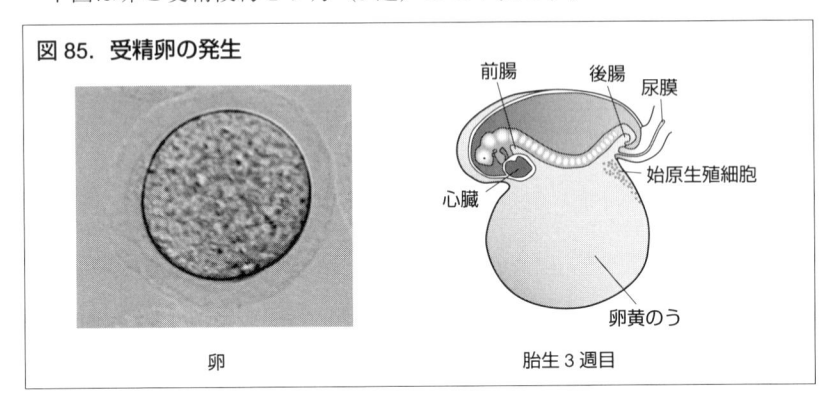

図85. 受精卵の発生

卵　　　　　　　　　　胎生3週目

前腸　後腸　尿膜　始原生殖細胞　心臓　卵黄のう

　しっぽのようにみえるあたりに出現している黒い細胞が始原生殖細胞といい、やがてアメーバのように移動し、卵巣・精巣になる予定の生殖堤にすみつきます。子孫につながる卵と精子のおおもとは、この始原生殖細胞です。女性の始原生殖細胞は、胎生3週目ころに出現します。男性の始原生殖細胞も同様です。つまり、あなたがつくられた卵と精子のもとの始原生殖細胞は、あなたの母・父が祖母の体内にいたときにすでにつくられていたものなのです。

生殖細胞系列と体細胞系列の分岐

　卵巣・精巣にある細胞はでたらめに卵・精子へと分化していくわけではありません。実は親個体が一生につくる卵・精子はすべてこの始原生殖細胞に由来するものです。胎生1ヶ月の時点で、始原生殖細胞から卵・精子に分化していく細胞（生殖細胞系列）と、他の細胞（体細胞系列）とを明確に区別しています。**生殖細胞系列は子孫に遺伝子を伝える使命を負うのに対し、体細胞系列は体をつくっていくというちがいがあります。**体細胞系列はその後、特定の遺伝子を発現して特定の役割を担う細胞に分化して

いきますが、生殖細胞系列はあまり遺伝子を発現せず、未分化状態を保ちながら卵巣・精巣に存在します。

始原生殖細胞の分化

始原生殖細胞は、生まれた時点では卵・精子の両方になる可能性を秘めていますが、生殖堤が卵巣になれば卵のもとである卵原細胞に、精巣に分化すれば精子のもとである精原細胞に分化します。

> **memo 胎齢と妊娠週数は異なる**
> 赤ちゃんの出産予定日は、妊娠40週（10ヶ月・280日）といわれますが、実際には受精後266日（約9ヶ月弱）に相当します。妊娠週数は母親がわかりやすいように最終月経から数えます。排卵・受精はその2週後なので、「受精卵＝妊娠2週」ということになります。受精卵の発生した日数を胎齢といいますが、胎齢は妊娠週数から2週間引いたものになります。

POINT 57

◆胎生3週で出現する始原生殖細胞が将来の卵・精子すべての源
◆祖母が母・父を妊娠していたときに始原生殖細胞がつくられた

Chapter 7　発生

Stage 58 卵と精子の成熟
卵・精子、結婚前の準備？

　Stage 49 で卵・精子形成の減数分裂について述べましたが、始原生殖細胞から卵がつくられるまでの流れを図示すると以下のようになります。

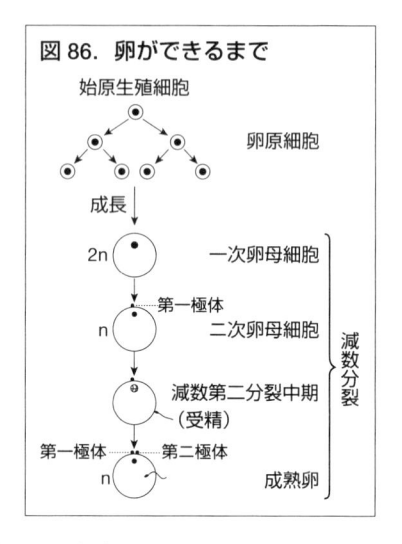

　始原生殖細胞は母方の祖母の体内にいたときに一次卵母細胞まで進み、分裂前期で減数分裂をいったん停止します。胎児5ヶ月のときには最高700万個まで増加した一次卵母細胞は、その後アポトーシス（細胞死）をおこして減少し、出産時には100万個、思春期には40万個程度にまで減ります。排卵がはじまると、毎月数個の一次卵母細胞が減数分裂を再開して二次卵母細胞分裂中期まで進み、そのうち1つずつが毎月排卵されます。**つまり、排卵される卵は二次卵母細胞なのです。** これが閉経までくり返されます。卵は胎児期～排卵まで、何十年もかけて減数分裂を行います。

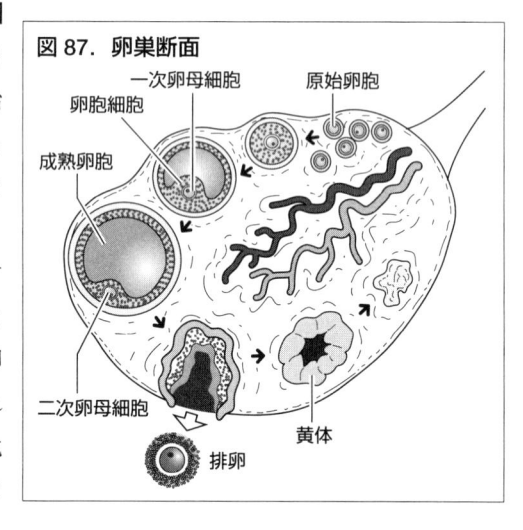

　胎児期にいったん停止する一次卵母細胞（それをとりまく原始卵胞）と、排卵直前の二次卵母細胞（それをとりまく成熟卵胞）を比較すると図のようになりま

図 86. 卵ができるまで

図 87. 卵巣断面

す。
　一次・二次卵母細胞の周囲を卵胞細胞（ろ胞細胞）がとりまき、加えて成熟卵胞では透明帯というゼリー状物質がとりまきます。

卵成熟のプロセス

　原始卵胞の一次卵母細胞は胎児期に減数分裂を停止しますが、思春期になると、卵胞細胞が脳下垂体前葉から分泌されたろ胞刺激ホルモンと黄体形成ホルモンの刺激でプロゲステロン・エストロゲンを分泌し、減数分裂を再開させます。まず、減数分裂第一分裂を終了（第一極体を放出）し、二次卵母細胞分裂中期となって排卵となります。

　ヒトの一次卵母細胞（原始卵胞の中）の直径は約 20 μm、二次卵母細胞（成熟卵胞の中）の直径は約 150 μm で、直径が 7 倍にもなっています。**これほど卵が大きくなっている理由は、発生初期に必要な成分がすべて卵に蓄えられるためです。**

精子成熟のプロセス

　一次精母細胞は、減数分裂した直後は丸い精細胞ですが、しだいに形をかえて精子となります。まず鞭毛が発達し、その先の部分（中片）に鞭毛運動のエネルギーを供給するミトコンドリアが集まり、運動できるようになります。頭部では、核の前方にゴルジ体が変化した先体ができます。先体には卵への侵入に必要な酵素が含まれます。

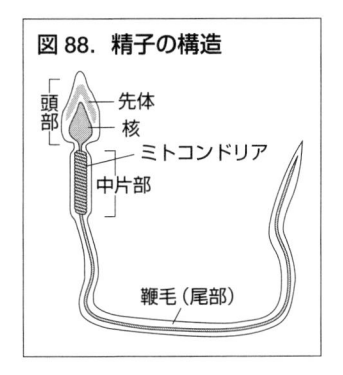

図 88. 精子の構造

頭部 ─ 先体、核
中片部 ─ ミトコンドリア
鞭毛（尾部）

POINT 58

◆原始卵胞（減数第一分裂前期）→分裂休止→再開→成熟卵胞（減数第二分裂中期）→排卵
◆卵は、発生初期に必要物質を多く含む細胞質が肥大する

Chapter 7 発生

Stage 59 受精
何重もの障壁を突破する精子

射精された数億の精子は、子宮・卵管を通るうちに被膜がはがされて卵と受精できる準備が整います（**受精能獲得**）。しかし実際に卵の近くまでたどりつけるのはわずかです。

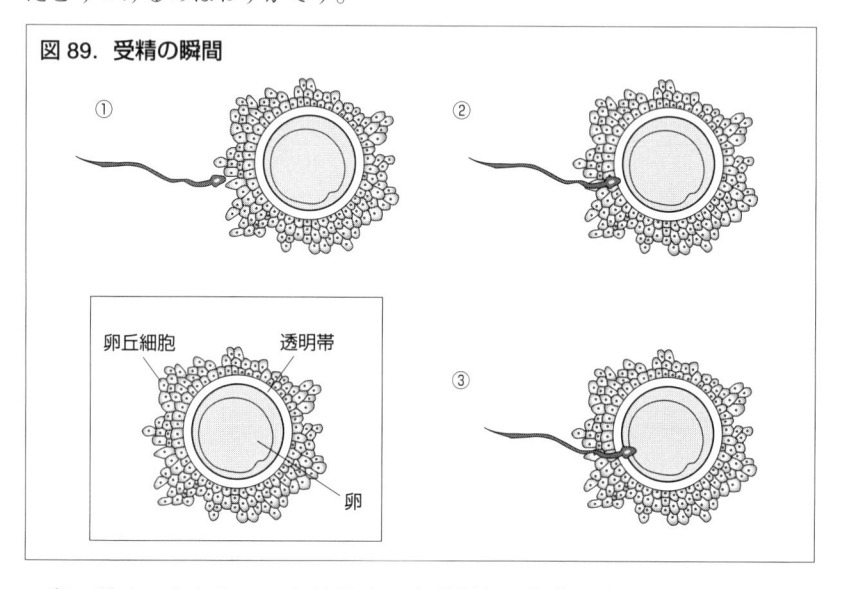

図89. 受精の瞬間

① ② ③

卵丘細胞　透明帯　卵

卵の近くにたどりついた精子は、まず頭部の先体にあるヒアルロニダーゼによって、卵をとりまく卵丘細胞の結合をゆるめて隙間に入り込みます（図の①）。さらにアクロシンのはたらきで透明帯というゼリー層を溶かし（②）、卵に突入します（③）。**このように先体の酵素のはたらきで卵に侵入する反応を先体反応といいます**。精子の卵細胞膜到達と同時に、卵側には2つの出来事がおきます。

1. 卵（二次卵母細胞）は第二極体を放出して卵核を完成させ、その卵核が精核と融合する。
2. 膜に受精電位が発生するとともに、透明帯の性質が変わり強固になる。

2により他の精子が侵入できなくなります（**多精拒否**）。これにより、

多数の精子が入ることによる染色体異常を防ぎ、受精卵の染色体数を 2n（卵 n + 精子 n）に保つことができます。

排卵から着床までの長い道のり

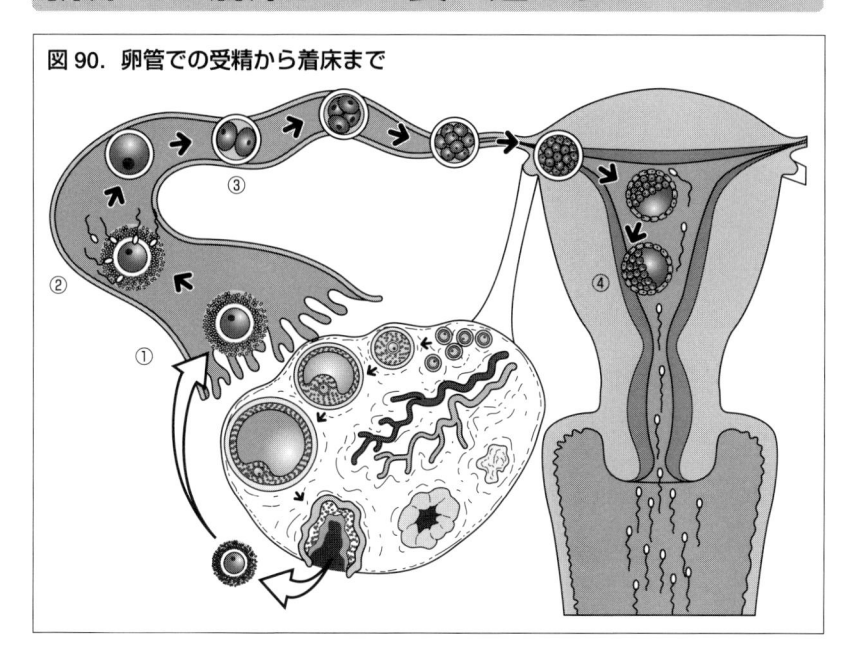

図 90. 卵管での受精から着床まで

　排卵された卵（図の①）は卵管膨大部で受精します（②）。受精卵は卵割（細胞分裂）しながら移動し（③）、6日目ころに胚盤胞とよばれる状態で子宮に着床します（④）。もっとも、すべての卵が着床できるだけではなく、染色体異常をもつ場合は多くが着床できずに自然流産します。

　子宮内膜はホルモンのはたらきでしだいに厚くなり、胚盤胞は子宮内膜に埋め込まれた形になってやがて胎盤を形成します。胚盤胞がいったん子宮内膜内にもぐり込んで成長すると、基部に胎盤を形成しながらまた盛り上がってでてきます。

POINT 59

◆精子が先体反応で卵に侵入
◆受精後 6 日目、胚盤胞の段階で着床する

Chapter 7　発生

Stage 60　胎児と胚膜
赤ちゃんに栄養を送る胎盤

　カエルとヒトで発生時に大きく異なる点は、カエルでは胚膜がなく、ヒトでは胚膜があることです。は虫類・鳥類・ほ乳類のように陸上（卵殻に覆われた卵内や母体内）で発生するため、胎児（胚）を乾燥から保護する胚膜を必要とする仲間を羊膜類とよびます。魚類・両生類のように、水中で発生するため胚膜がない仲間を無羊膜類とよびます。

胚膜の名称と役割

　図91は胚膜です。しょう膜は全体を保護し、羊膜は羊水を蓄えてその中に胚を保護します。卵黄のうは卵黄を蓄えて発生が進むと血管が分布し、栄養分を胚に送ります。尿膜は尿を蓄えるだけでなく、外界とガス交換（外呼吸）する役割を担っています。

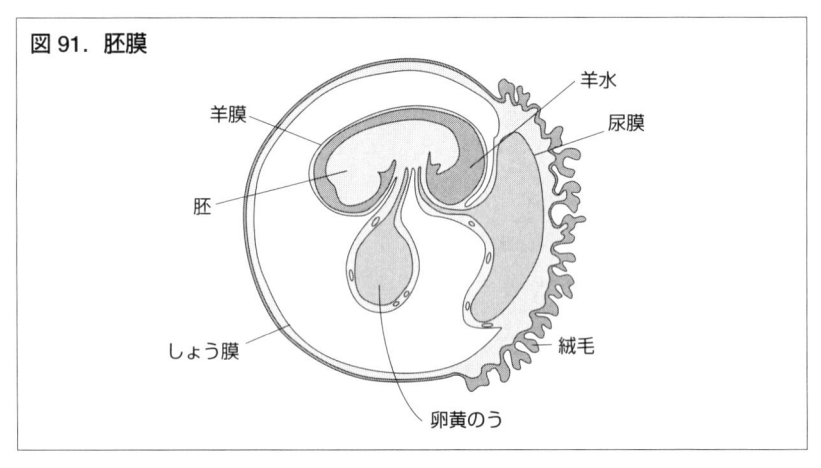

図91. 胚膜

（羊水、羊膜、尿膜、胚、しょう膜、絨毛、卵黄のう）

　ほ乳類のしょう膜は母体子宮壁に突起（絨毛）をのばして入り込むために絨毛膜とよばれ、尿膜、そして母体側の子宮壁と合着して胎盤を形成します。胎盤を通じて母体から栄養分を受け取ることができるため、卵黄のうは小型化しています。

胎盤の構造とはたらき

　胎盤を通じて母体から胎児に酸素・グルコース・ホルモン・抗体などが送られ、胎児の老廃物や二酸化炭素が母体に運ばれます。病原体や毒素はできるだけ通さないようにしています（胎盤障壁）。

　胎盤は妊娠を維持するホルモンであるhCG（ヒト絨毛性性腺刺激ホルモン）を分泌しますが、hCGは妊娠中に多量に分泌されて尿中にも排出されるため、妊娠検査の指標に使われています。

　羊水は母体の組織液から分泌されますが、胎児は成長するにつれて羊水を飲んで尿としてだすため、羊水も胎児の尿由来のものが多くなります。羊水は胎児を物理的衝撃から守り、感染を防ぐなどの役割をしています。

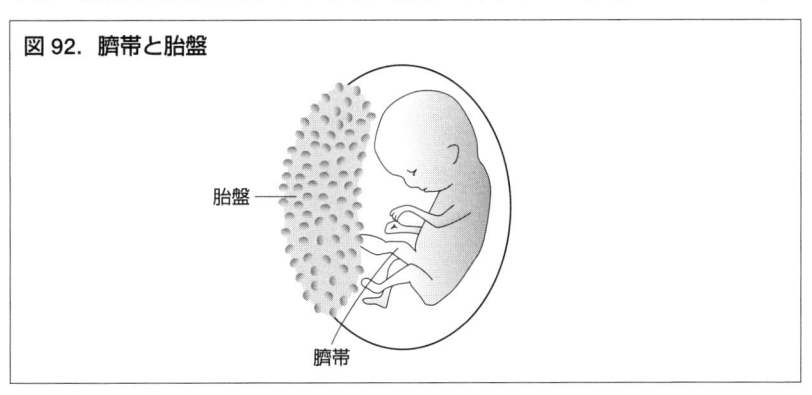

図92. 臍帯と胎盤

出産のしくみ

　脳下垂体後葉からのオキシトシンなどの刺激を受け、陣痛がはじまります。誕生時に赤ちゃんが頭から狭い産道を通るため、頭の骨が合着しないままとなっています。同時に、肺を圧迫し肺にあった羊水を吐きだささせ、その後赤ちゃんは息を吸い産声を上げます。

POINT 60

◆魚類・両生類は無羊膜類、は虫類・鳥類・ほ乳類は羊膜類
◆胎盤では母体と胎児の血液は混じらないが、物質の交換はできる

Chapter 7　発生

Level Up　不妊治療と遺伝子診断

不妊治療

　ヒトの受精と発生のしくみの研究が不妊治療につながっています。不妊の三大原因は、「卵胞が成熟せず排卵がおこらない」「卵管閉塞」「精子運動性が低く絶対量が少ない」ことです。

　治療には、卵巣刺激による排卵誘発、チューブで子宮内に精子を送る人工受精などがありますが、そのような方法でも困難な場合は体外（シャーレ）で受精させ、受精卵を着床可能な胚盤胞まで発生させてから子宮に戻す体外受精胚移植が行われます。

出生前遺伝子診断（着床前遺伝子診断）

　ヒトでのはじめての体外受精の成功は1978年のことでしたが、その後30年間のヒト発生プロセスの理解と体外受精や遺伝子検査技術の進歩は、大きな倫理問題を投げかけています。

　胎児の遺伝疾患や障害を、出生前に知る診断を出生前遺伝子診断といいます。その検査法は、これまでは、羊水に針を刺して（羊水穿刺）胎児由来の細胞を採取する羊水診断、絨毛を採取して診断する絨毛診断などでした。その行為自体が母体に負担であることに加えて、その後に中絶の選択をするという精神的負担を伴うものでした。

　ところが現在では、技術的には着床前遺伝子診断が可能となっています。体外受精を行い8細胞になった所で1細胞を取りだして遺伝子検査を行い、「疾病も障害もない」ことが確認できた胚を胚盤胞まで発生させて胚移植する方法です。7細胞でも8細胞と同様に正常な胚盤胞になることが可能です。母体に負担がなく、事前に胚を選別できるわけです。このような技術を使うか否かについては、「命の選別」の是非について生命倫理上の議論が行われています。

column | 余剰凍結受精卵とES細胞

　不妊治療のために複数の卵を採卵し体外受精で受精卵をつくることが多いわけですが、胚移植で子宮に戻すのは2個程度、残りは着床がおこらなかったときのために凍結保存されます。妊娠が成立した場合、凍結受精卵はそのまま保存され、余剰凍結受精卵とよばれます。研究者が夫婦の同意を得て、この余剰凍結受精卵を解凍して胚盤胞にまで発生させます。

　通常、子宮に着床するヒト胚盤胞は次のように2つの部分からできています。栄養芽層は胎盤の絨毛膜などになります。内部細胞塊は胎児になる部分で、将来、胎児のすべての組織に分化できる可能性（分化全能性）を秘めた部分です。ここを実験室内で取りだし、あらゆる組織・臓器に分化する再生医療を担う細胞として形成されたのがES細胞（胚性幹細胞：embryonic stem cell）です。しかし、移植に使おうとする際の拒絶反応や生命につながる胚を破壊する倫理的問題があります。近年、患者自身の分化した細胞に遺伝子を加えることで分化全能性を発現させたiPS細胞（人工多能性幹細胞：induced pluripotent stem cell）に注目が集まっています。この研究を進めた山中伸弥先生（京大教授）は2012年にノーベル医学生理学賞を受賞しました。

Chapter 7　発生

Stage 61　発生総論
数を増やしたあとで変化する

　受精卵から幼生（消化管などができ、自分で食物を接取できる段階）ができるまでの過程を発生といいます。これは、1つの受精卵がその生物特有の形態と内部構造をもった多細胞生物になることです。
　発生は卵内や母体内で卵内・母体内の栄養分を摂取しながら進められますが、その栄養分の供給は有限で、発生終了とともに、幼生はみずからの力で食物を摂取しはじめます。

卵割期（前半）

　発生は、前半の卵割期と後半の形態形成期に分けられます。**卵割期は受精卵が細胞分裂（卵割という）を進めて細胞数を増やす時期で、細胞数は増えますが、細胞の特徴や役割はまだ決定されていません。**この時期はDNA合成を中心に行っています。卵の栄養分である卵黄が多く分布する場所は卵割が進みにくく、また内部にできる腔所の大きさや位置によって若干の形のちがいはありますが、全体として球形・楕円体形を保ちながら細胞数を増やしている点は同じで、生物によるちがいはそれほど大きくありません。

卵割の特徴

　成体（大人）になると全体的に細胞分裂は不活発になりますが、組織によっては細胞分裂が活発に行われています。たとえば皮膚の細胞は、垢として落ちていく分を補うように分裂をしています。この分裂は補給するための分裂なので、分裂するごとに細胞の成長がおきます。
　これに対して卵割は、割球全体の大きさはそのままで細胞数だけを増やします。細胞の成長を伴わずに分裂をくり返すこと、そしてすべての細胞が同時期に分裂をはじめる同調分裂であること、分裂速度が速い、などの特徴があります。

Stage 61 発生総論

形態形成期（後半）

　後半になると将来消化管となる原腸の形成のため、外層の細胞層が内部に入り込みはじめます（原腸胚期）。さらに外形の変化や体の向き（頭尾・背腹・左右方向）の決定、細胞の移動や組織・器官の形成がおき、その生物固有の姿が現れてきます。

　そのために、筋肉なら筋肉に多いミオシンの合成、皮膚ならばケラチンなど、組織固有のタンパク質を合成させるために特定の遺伝子だけをはたらかせます。

📝 memo　ヒト胚のカーネギーコレクションと、発生研究のモデル生物たち

　ヒト胚の各時期の成熟標本は、古くからアメリカのカーネギー発生学研究所において中絶された胎児の標本を集めて分類していました。ヒト発生はそのカーネギーコレクションをモデルとします。生きたヒトの正常発生のプロセスを調べるのは難しく、マウスなどが使われますが、母体内で発生するほ乳類だけでは研究は困難です。

　多くの生物に共通する発生の基本プロセスの研究については、アフリカツメガエル・ウニ・ゼブラフィッシュ・線虫・ショウジョウバエなど、体が小さくて研究室で育てやすく、世代交代の早い生物が使われます（モデル生物）。その研究結果の多くはヒトでもあてはまります。

図 93. ショウジョウバエとクリップの先端

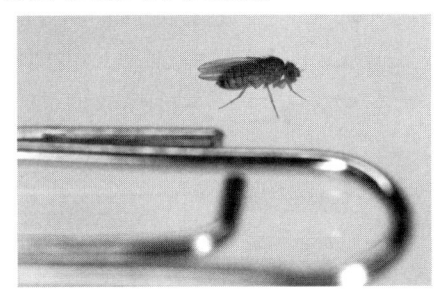

写真提供：首都大学東京細胞遺伝学教室

POINT 61

◆発生は、分裂中心の卵割期と、分化中心の形態形成期に区分される
◆カエル発生を知るとヒト発生の基礎がわかる

Chapter 7　発生

Stage 62　カエルの発生

カエルを知るとヒトもわかる

受精卵から胞胚まで

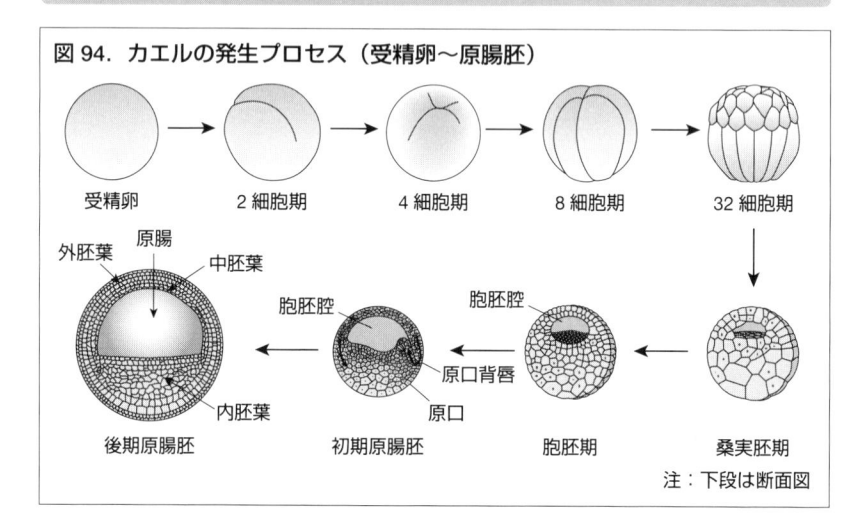

図94. カエルの発生プロセス（受精卵〜原腸胚）

受精卵 → 2細胞期 → 4細胞期 → 8細胞期 → 32細胞期

後期原腸胚 ← 初期原腸胚 ← 胞胚期 ← 桑実胚期

外胚葉／原腸／中胚葉／内胚葉／胞胚腔／原口背唇／原口

注：下段は断面図

　受精卵において、上側の部位を動物極といい、下側は植物極といいます。やがて細胞は卵割をはじめ、球型のまま細胞を細かくしていきます。小さな細胞が多数になった胚を胞胚といい、内部に胞胚腔という腔所ができています。ここまでが卵割期です。

原腸胚

　次に、受精したときに精子が侵入した点の反対側から外層の細胞層が内部に入ります。これを陥入といいます。落ち込みはじめた孔は原口といい、将来の肛門になる部分です。原口の反対側が口になります。原口から入り込んだ空間は将来腸になる原腸であり、この胚を原腸胚といいます。原口の上部は背中になる部分で、外見が唇状なので原口背唇といいます。

　この時期に外部に位置する細胞を外胚葉、原腸の天井に位置する細胞を中胚葉、植物極側の細胞層を内胚葉といいます。

神経胚

やがて中胚葉の天井部が分離して脊索となります。これは原口背唇から移動したものですが、原口背唇には外胚葉を神経管に誘導するはたらきがあるので、外胚葉がしだいに落ち込んで神経板といわれる構造ができます。神経板はやがて落ち込んで神経管となります。残された外胚葉は表皮となりますが、その間に神経堤というバラバラの細胞が発生します。

内胚葉は原腸を取り囲んで腸を形成し、中胚葉は体節・腎節・側板に分化します。下図は神経胚の断面ですが、前後・背腹・左右の方向性が確定しています。

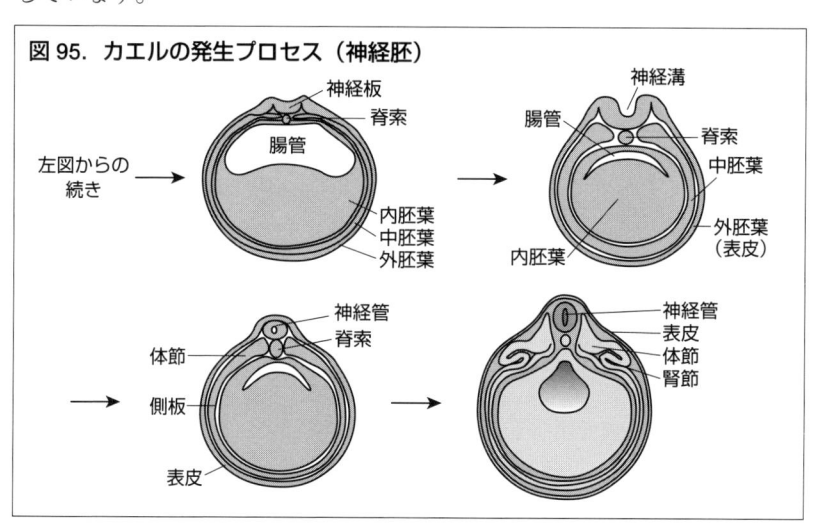

図95. カエルの発生プロセス（神経胚）

表18. 胚葉の分化

外胚葉→表皮、レンズ、神経管（→脳・脊髄・網膜）、神経堤（→色素細胞・神経節）
内胚葉→消化管上皮・肺・肝臓
中胚葉→脊索（後に退化）
　　　　体節→骨格（脊椎含む）・骨格筋・真皮
　　　　腎節→腎臓・生殖腺
　　　　側板→消化管筋肉・心臓・血管

POINT 62

◆内胚葉は消化・呼吸系に、外胚葉は表皮・神経系に分化

Chapter 7 発生

Stage 63 母性因子と誘導物質
体づくりのドミノ倒しゲーム？

　カエル・ヒトの発生プロセスは、まず概形・方向性が決まり、しだいに細部が決まっていきます。細胞内や細胞間でだされる物質がそれを誘導し、そのしくみはドミノ倒しのように連続しています。

1. 精子侵入点と母性因子が体の方向性を決める

　受精が引き金となり、卵表層下部にあった母性因子が精子侵入点と反対側にはね上がって背側化を引きおこします。反対側は腹側になります。精子侵入点の反対側に原口ができて将来の肛門となるので、精子侵入点は口となります。つまり受精時に体の方向性は決まります。

図96. 精子侵入点
精子侵入点＝将来の口
卵
反対側＝肛門

2. 内胚葉が中胚葉を誘導する

　図はドイツのフォークトが描いた、イモリ（カエル）初期胚のどの部分がどの組織に分化するかを示した予定胚域図です。

　外・中・内胚葉予定域が動物極から植物極に順に並んでいることに注目してください。中間を除去し、植物極側・動物極側を結合する実験をすると動物極側の一部が中胚葉になることから、植物極側（内胚葉予定域）が上部にはたらきかけて中胚葉を誘導しているということがわかりました。

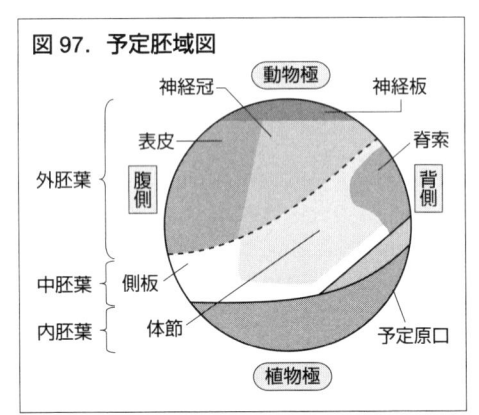

図97. 予定胚域図
動物極
神経冠　神経板
表皮　脊索
外胚葉　腹側　背側
中胚葉　側板
内胚葉　体節　予定原口
植物極

3. 中胚葉の原口背唇が外胚葉から神経管を誘導する

原口背唇はやがて内部に侵入し、接触する外胚葉を神経管に誘導します。

4. 神経管ができると体の頭尾軸がのび、先端に脳ができるとともに、眼などのさまざまな器官が誘導される

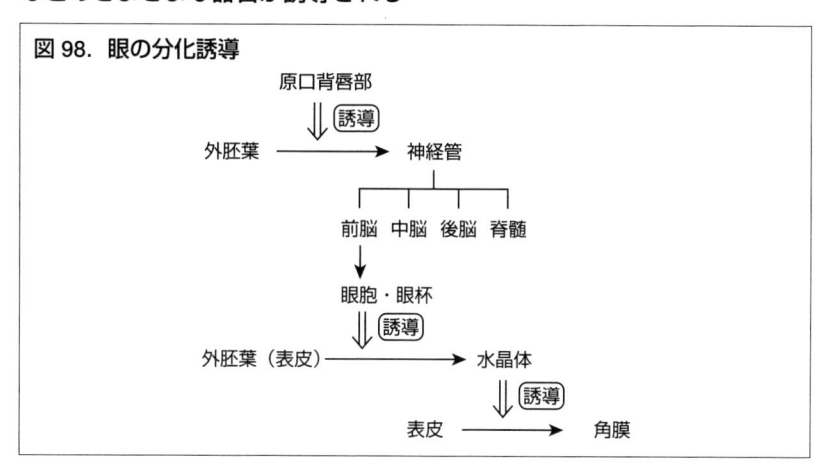

```
図98. 眼の分化誘導

                    原口背唇部
                      ⇓ 誘導
        外胚葉 ──────→ 神経管
                        ├──┬──┬──┐
                       前脳 中脳 後脳 脊髄
                        ↓
                      眼胞・眼杯
                        ⇓ 誘導
        外胚葉（表皮）──────→ 水晶体
                              ⇓ 誘導
                       表皮 ──────→ 角膜
```

このようにして母性因子から精子侵入刺激を経て、細胞どうしがだし合う物質の誘導や相互作用の影響で次々に外形も内部も決まっていくのです。

POINT 63

◆カエルでは精子侵入とともに背腹・口・肛門の位置などの予定が決まる
◆原口背唇が外胚葉から神経管を誘導し、神経管は眼を誘導する

Chapter 7 | 発生

column | アポトーシス

　手の発生では、指間の細胞が細胞死することで手指の形がつくられていきます。発生の時期に応じて適切な細胞死（アポトーシス）がおきることをプログラム細胞死といいます。アポトーシスの場合、外傷などでの細胞が膨張破裂する壊死（ネクローシス）と異なり、細胞が核断片を含むアポトーシス小体に断片化し、白血球などに貪食されるのが特徴です。

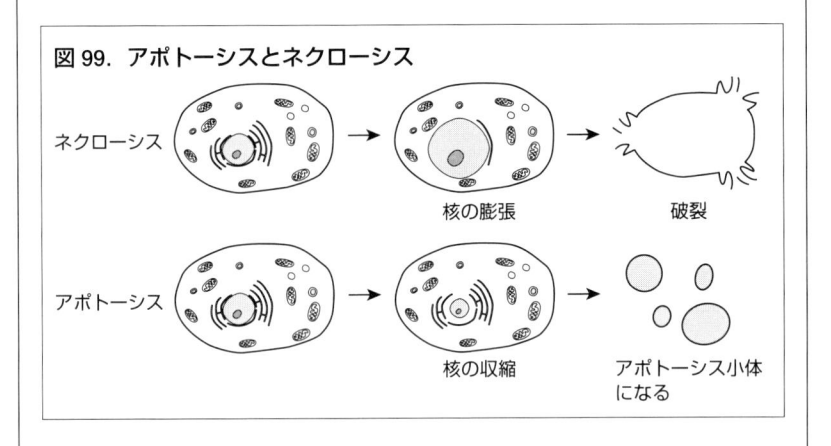

図99. アポトーシスとネクローシス

ネクローシス → 核の膨張 → 破裂

アポトーシス → 核の収縮 → アポトーシス小体になる

column | ヒトの赤ちゃんは生理的早産

　動物の新生児の多くは、生まれた直後に立ちあがり、きちんと天敵から逃げることができます。しかしなぜヒトの赤ちゃんは未熟で弱々しいのでしょうか？

　ヒトの赤ちゃんが他の動物のように生まれてすぐに行動できるには、妊娠期間がより必要になります。しかし、妊娠40週の時点で、胎児の頭の大きさはお母さんの産道ギリギリの直径となってしまいます。したがって妊娠をそれ以上継続することはできず、ヒトは他の動物と比べて「生理的早産」の状態で生まれてくるのだと動物学者のポルトマンは表現しました。

　しかし赤ちゃんが弱々しいぶん、ヒトは母子の結びつきを強くし、十分な保育期間をもつようにしたと考えられています。小さな赤ちゃんをかわいいと思うのは、生理的早産に対応するヒトの本能なのかもしれません。

練習問題

問1 始原生殖細胞の発生時期はいつか。
問2 成熟卵胞内の卵の分裂時期はいつか。
問3 精子頭部にある袋は何か。
問4 多精拒否のしくみをあげよ（2つ）。
問5 カエルで精子進入点の反対にできる構造は何か。
問6 神経管を誘導する構造は何か。
問7 カエルで原口は何になるか。
問8 甲状腺は何胚葉由来か。
問9 脊椎は何胚葉由来か。
問10 脊髄は何胚葉由来か。
問11 色素細胞は何胚葉由来か。
問12 ヒトの胞胚（胚盤胞）で胎児になる部分はどこか。
問13 胚膜を4つ書け。
問14 尿膜の役割を2つ書け。

解答

問1：胎生4週目
問2：減数第二分裂中期
問3：先体
問4：受精電位・透明帯変化
問5：灰色三日月
問6：原口背唇
問7：肛門
問8：内胚葉
問9：中胚葉・体節
問10：外胚葉
問11：外胚葉・神経堤
問12：内部細胞塊
問13：しょう膜・羊膜・尿膜・卵黄のう
問14：老廃物蓄積・ガス交換

□遺伝用語の基礎知識
□DNA・RNAの構造
□DNAの複製
□遺伝子発現のしくみ
□3塩基でアミノ酸を決定する
□翻訳の流れ
□翻訳後の流れ
□遺伝子突然変異のしくみ
□真核生物と原核生物のゲノム比較
□遺伝子研究の歴史

Chapter 8
遺伝子のはたらき

　これまでに細胞・血液循環・発生・遺伝などさまざまなことを学んできましたね。それらの情報をもっているのがDNAです。核の中に、つなぎ合わせると2mにもなる長さのDNAという物質が入っていること、そして、それが生や死、生理機能に関する情報をもっていることは大変不思議です。
　また、遺伝子の基本構造やしくみは大腸菌からヒトまで共通でありながら、それぞれの生物ごとに多様性も生みだしていることも大変興味のあるところですね。ここでは遺伝子について学びましょう。

Chapter 8　遺伝子のはたらき

Stage 64　遺伝用語の基礎知識
DNA・遺伝子・染色体のちがいって何？

語を正確におさえよう

　まずはこの分野ででてくる言葉を整理しましょう。

遺伝　親の性質が子やそれ以降の世代に伝わる現象のこと。6章で述べたように、この基本法則を発見したのがメンデル。

遺伝子 gene　遺伝形質を規定する細胞内にある因子。最初は実態がわからずメンデルは記号で表記したが、のちにそれが DNA 内に保持されていることがわかってきた（1944年アベリー、1952年ハーシー・チェイスの実験）。

DNA　遺伝情報を保持している物質。二重らせん構造のヌクレオチド鎖でできた分子であり、細胞内では核内（分裂時は染色体）に大量に収納される。ただし全部が遺伝子であるのではなく、遺伝子は点在する。核のほか、ミトコンドリア・葉緑体にも少量存在する。

RNA　DNA の情報のコピーのはたらきをしたり、リボソームの原料・アミノ酸運搬など遺伝子発現にかかわる。DNA と同じくヌクレオチド鎖だが、一本鎖である点が異なる。

染色体　細胞分裂時にヒモ状に出現する DNA と、それを折りたたむことに関与するヒストンというタンパク質の束。間期には核内に存在するがヒモ状にはみえない。ヒト細胞では 2 m の DNA が 46 本の染色体をもっているので、1つの染色体の DNA を引き延ばした平均の長さは 5 cm 程度となる。

ゲノム　卵・精子のもつ染色体セット（あるいはその染色体セットにのる遺伝子セット）を総称する語。

全能性　細胞が全遺伝子を発現させる状態にあることをいう。ヒトでは胞胚（胚盤胞）の内部細胞塊が全能性を有し、この全能性を活用して、組

織再生などの再生医療に使おうとしているのが ES 細胞 embryonic stem cell を用いた技術。分化した細胞は全能性が失われて細胞特有の遺伝子が発現し、他の遺伝子が発現しにくくなっている。

　クローン　同じ遺伝子をもつ個体集団のこと。栄養生殖で増やした植物をはじめ、無性生殖で増えた生物集団などを指す。

はたらく遺伝子と眠る遺伝子

　同じ生物の体内には、1つ1つの細胞に核があり、そこには同じ DNA が存在します。その中には、その生物に関する全遺伝子が保持されています。しかし、すべての細胞がすべての遺伝子をはたらかせているわけではありません。遺伝子がはたらき、それによってタンパク質がつくられることを遺伝子発現といいます。細胞の基本的な活動維持のための遺伝子は全細胞で発現されており、これをハウスキーピング遺伝子といいます。しかし、細胞によって発現したりしなかったりする遺伝子があり、これらはラクシェリー遺伝子とよばれます。どの遺伝子が発現されるかで細胞の種類・役割が分化していくのです。

POINT 64

◆遺伝子は DNA に点在する
◆ DNA は何重にも折りたたまれて染色体となる

Chapter 8　遺伝子のはたらき

Stage 65　DNA・RNA の構造
AとT(U)、GとCが対面

　遺伝子発現の主役となる DNA（デオキシリボ核酸）と RNA（リボ核酸）の構造をみてみましょう。

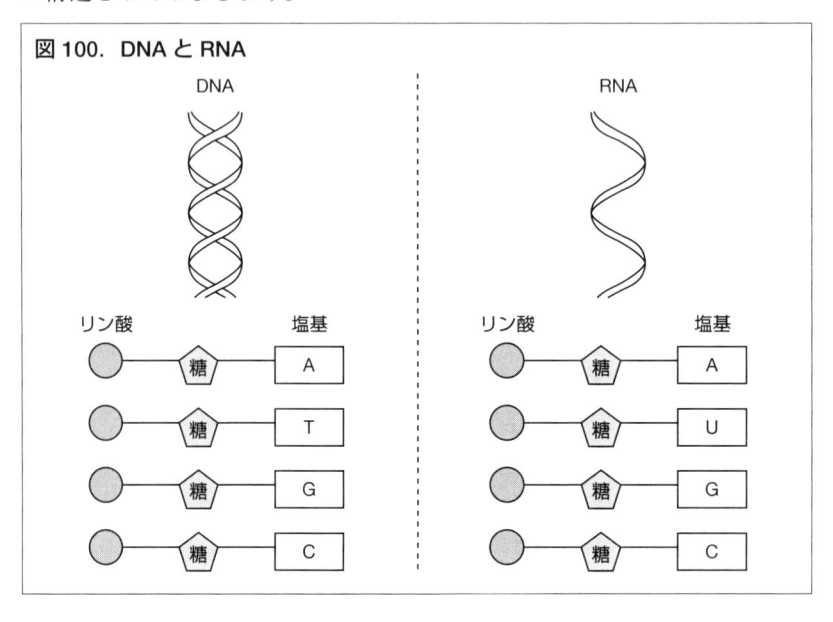

図 100. DNA と RNA

　塩基・糖・リン酸の1組でヌクレオチドとよびます。そうすると、**DNA・RNA ともにヌクレオチドがくり返された構造**であることがわかります。相違点をまとめると次のようになります。

表 19. DNA と RNA の比較

	正式名称	はたらき	鎖	糖	塩基	リン酸
DNA	デオキシリボ核酸	遺伝子本体	二本鎖	デオキシリボース	ATGC	共通
RNA	リボ核酸	DNA の転写（mRNA）アミノ酸運搬（tRNA）リボソーム原料（rRNA）	一本鎖	リボース	AUGC	共通

遺伝情報は塩基配列にある

それではこの DNA 分子のどこに遺伝情報があるのでしょうか？ それは塩基部分に秘密があります。塩基の種類は A（アデニン）、T（チミン）、G（グアニン）、C（シトシン）の 4 種ですが、その並び順が異なるため、そこが遺伝情報を担うことになるのです。英語のアルファベットも 26 文字は共通でも、その並び方でちがう意味の文ができるのと一緒です。

相補的塩基対

　DNA では塩基どうしが対をなしています。それらは水素結合というゆるやかな電気的引き合いでマグネットのようにくっついています。塩基が対をなすとき、図にあるように必ず A と T、G と C が対面します。

　DNA をもとにして RNA が合成されるときも同様な対ができますが、RNA では T（チミン）のかわりに U（ウラシル）があるため、DNA-RNA の対は、A-U、T-A、G-C、C-G となります。

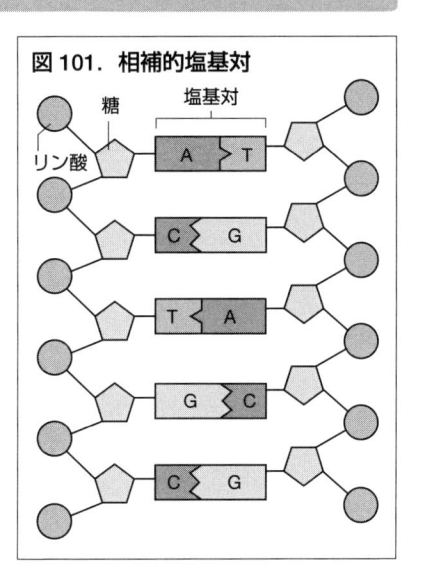

図 101．相補的塩基対

　A-T（RNA の場合 U）、G-C の対を相補的塩基対とよびます。DNA-DNA 間、DNA-RNA 間、RNA-RNA 間、どの場合でも対をつくるときはこの塩基対をつくります。

POINT 65

◆ DNA は二重らせん（二本鎖）、RNA は一本鎖
◆ 相補的塩基対は A-T（U）、G-C

Chapter 8 　遺伝子のはたらき

Stage 66　DNA の複製

半分ずつ複製する

　塩基の相補性は DNA を複製（コピー）する際にもはたらいています。それは正確なコピーを重ねながらも時々まちがい（突然変異）をおこし、短中期的（世代～数十万年単位）な種の同一性（カエルの子はカエル）と、長期的（数百万年～ 40 億年）な種の変化（進化、両生類からの種の分化）をもたらしてきました。

半保存的複製

　DNA を複製するときは、まず酵素 DNA ヘリカーゼのはたらきで二重らせんがほどかれます。するとそれぞれの鎖の塩基が露出した形になり、その塩基に相補的な塩基をもつヌクレオチドが酵素 DNA ポリメラーゼのはたらきで次々につなぎ合わされて新しい鎖ができます。二重らせんは、片側が元の鎖、片側が新しく合成された鎖になります。**二重らせんの半分が元の鎖に由来するので、これを半保存的複製といいます。**

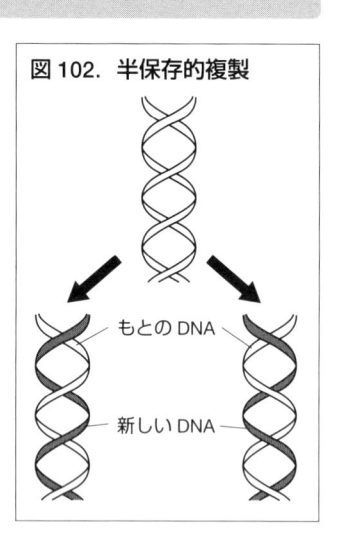

図 102. 半保存的複製

もとの DNA

新しい DNA

複製中に DNA は絡みつかないのか？

　Stage 46 で述べたように、非常に長い DNA が核内に収納されていることもおどろきですが、それを核内で複製する際に DNA らせんが途中で絡みつかないのでしょうか（縄跳びでやったことを考えれば想像できると思いますが、らせんをほどくごとにねじれが生じるはずです）？
　その秘密を解くカギは、核内にあるトポイソメラーゼという酵素です。

この酵素がらせんを一部切断し、ねじれを解いてから再結合させることでスムーズに複製を進ませているのです。

塩基の突然変異

　塩基の相補性を利用した複製はほぼ完全です。しかし、1万塩基に1回くらいの確率で複製ミスがおこります。すると、その部分は塩基の相補性がくずれてしまいます。そのため、このミスをみつけて異常な部分を修復する修復酵素が存在するのですが、それでも修復されずに残る突然変異が100万塩基に1回ぐらいの割合で表れます。この多くは細胞の生存に影響を与えませんが、たまに細胞がん化につながることもあります。また、生殖細胞でおきた突然変異は長い時間を経て進化につながることがあります。

> **memo　テロメアと分裂寿命**
>
> 　染色体の両端部分（テロメア→ Stage 46 の図74）だけは DNA ポリメラーゼがうまく結合できないため、複製できません。したがって DNA 複製のたびに100塩基ぐらいずつ染色体が短くなります。細胞は複製（S期）の直後に細胞分裂（M期）を行うため（→ Stage 50）、細胞分裂ごとに染色体が短くなります。
>
> 　テロメアには遺伝子は含まれないため、徐々に短くなっても大丈夫なのですが、それでも数十回も分裂するとテロメアが短くなりすぎるので、細胞は分裂しなくなります。ここまでの時間を細胞の分裂寿命といいます。分裂寿命は種ごとにちがい、ヒトでは60回ぐらいと考えられています。個体だけでなく、細胞1つ1つにも寿命があるのです。
>
> 　生殖細胞にはテロメアの長さを復活させる酵素（テロメラーゼ）があり、分裂を続けても細胞は若い状態のままです。がん細胞ではこの酵素テロメラーゼがはたらき続けるため、細胞が無限増殖してしまいます（細胞の不死化）。

POINT 66

◆ DNA は半保存的に複製される
◆ 複製ミスは DNA 修復系酵素で除去されるが、修復されず残る変異もある

Chapter 8　遺伝子のはたらき

Stage 67　遺伝子発現のしくみ
コピーした設計図で製造をはじめる

遺伝子発現のしくみ

　生体をつくるタンパク質は、次のような流れでDNAからつくられていきます。右図と対応させながらみてください。

1. 読み取りたい部分のDNAの二重らせんがほどかれる。
2. その片側のRNAポリメラーゼという酵素が読み取り、相補的な塩基配列をもつmRNA前駆体を合成する。これを転写という。
3. mRNA前駆体は遺伝情報を関与しない部分（イントロン）が切りだされ、遺伝情報に関与する部分（エクソン）どうしがつなぎ合わされてmRNAとなる。これをスプライシングという。
4. mRNAは核膜孔を経て細胞質に移動し、リボソームが付着する。
5. リボソームはmRNA上を移動し、3塩基ごとにそれを読み取る。その3塩基に相補的な塩基対をもつtRNAが結合する。
6. そのtRNAは特定のアミノ酸を結合しており、これらのアミノ酸がペプチド結合してタンパク質ができる。これを翻訳という。

セントラルドグマ

　以上を簡潔に表現すると次のようになります。大腸菌からヒトまで共通する基本的なしくみということで、セントラルドグマといいます。

```
DNA  →  RNA  →  タンパク質
      転写      翻訳
```

　合成されたタンパク質は、細胞内外でさまざまなはたらきをして形質を発現させます。

Stage 67 遺伝子発現のしくみ

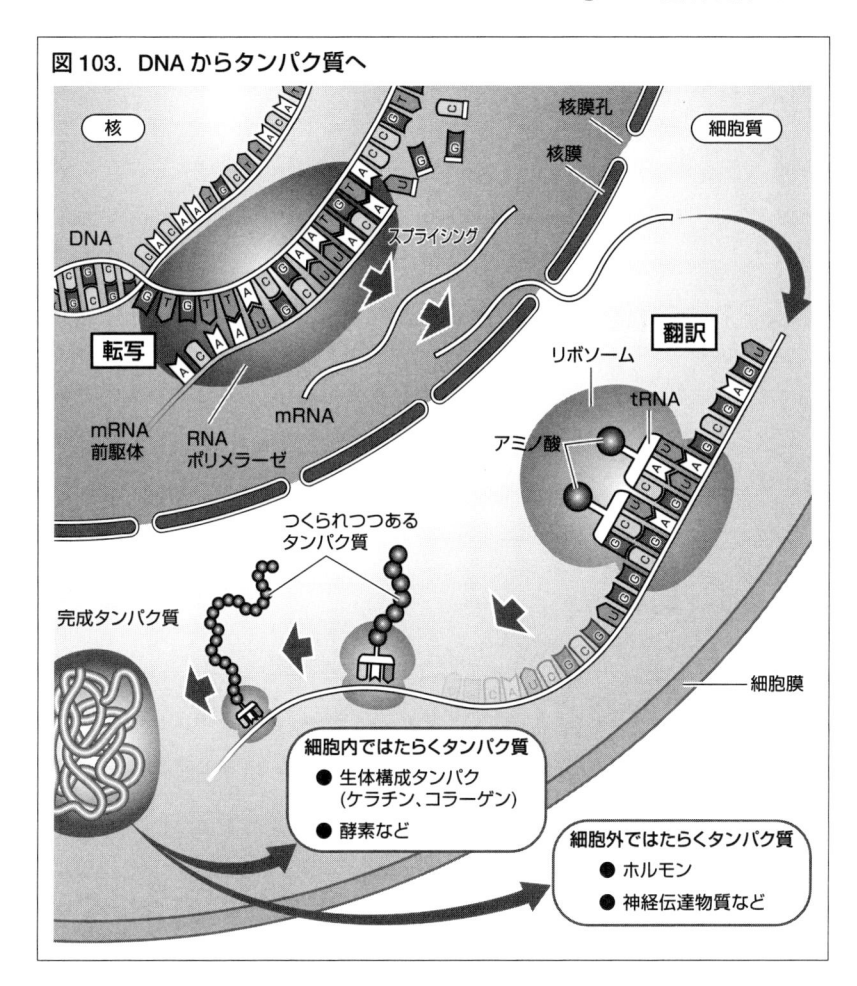

図103. DNAからタンパク質へ

(核／細胞質／核膜孔／核膜／DNA／スプライシング／転写／mRNA前駆体／RNAポリメラーゼ／mRNA／翻訳／リボソーム／tRNA／アミノ酸／つくられつつあるタンパク質／完成タンパク質／細胞膜)

細胞内ではたらくタンパク質
● 生体構成タンパク（ケラチン、コラーゲン）
● 酵素など

細胞外ではたらくタンパク質
● ホルモン
● 神経伝達物質など

🖊 memo　肌・髪・眼（虹彩）の色を決める遺伝子

民族・年齢・人によって異なる肌・髪・眼（虹彩）の色は、黒色素メラニンをつくる酵素チロシナーゼ（→ p.127 コラム）を合成する遺伝子の転写・翻訳量のちがいによって決まります。このタンパク質が多ければ黒、なければ白、中間ならば黄色い肌・金髪・青い目などになるのです。

POINT 67

◆ DNA → RNA → タンパク質という遺伝情報発現のしくみをセントラルドグマという
◆ 転写は核内、翻訳は細胞質（リボソーム）で行われる

Chapter 8　遺伝子のはたらき

Stage 68　3塩基でアミノ酸を決定する
遺伝暗号のヒミツ

　生物がタンパク質の素材として使っているアミノ酸は20種類です。4種類の塩基1つでは20種類を指定することはできません。塩基を2つ並ばせると $4 \times 4 = 16$ 種類の情報を示せますが、まだ20種類には足りません。塩基が3つ並べば $4 \times 4 \times 4 = 64$ 種類の情報を示すことができ、アミノ酸20種類を指定することが可能となります。1960年代に塩基3つ並びで1アミノ酸が指定されていることがわかり、この3つ並びをコドンと名付けました。また、mRNAの3塩基に対してどのアミノ酸が対応しているかの遺伝暗号表がつくられました。

表20．遺伝暗号表

① \ ②	U	C	A	G	③
U ウラシル	UUU, UUC フェニルアラニン / UUA, UUG ロイシン	UCU, UCC, UCA, UCG セリン	UAU, UAC チロシン / UAA（終止）/ UAG（終止）	UGU, UGC システイン / UGA（終止）/ UGG トリプトファン	U C A G
C シトシン	CUU, CUC, CUA, CUG ロイシン	CCU, CCC, CCA, CCG プロリン	CAU, CAC ヒスチジン / CAA, CAG グルタミン	CGU, CGC, CGA, CGG アルギニン	U C A G
A アデニン	AUU, AUC, AUA イソロイシン / AUG メチオニン(開始)	ACU, ACC, ACA, ACG トレオニン	AAU, AAC アスパラギン / AAA, AAG リシン	AGU, AGC セリン / AGA, AGG アルギニン	U C A G
G グアニン	GUU, GUC, GUA, GUG バリン	GCU, GCC, GCA, GCG アラニン	GAU, GAC アスパラギン酸 / GAA, GAG グルタミン酸	GGU, GGC, GGA, GGG グリシン	U C A G

注：①＝1文字目、②＝2文字目、③＝3文字目の塩基

遺伝暗号表の特徴

1. 64個の暗号で20アミノ酸を指定するので、異なる暗号が1つのアミノ酸を指定する場合がでてきます。1・2文字目まで同じならば、3文字目が異なっても同じアミノ酸を指定することもあります。たとえば1・2文字目がUCならば、3文字目が異なっても（UCU・UCC・UCA・UCGでも）セリンを指定します。こうしたコドンは同義コドンとよばれます。
2. 開始コドンと終止コドン
英語の文章にも「大文字ではじまりピリオドで終わる」という法則があるように、タンパク質への翻訳暗号にも開始コドンと終止コドンがあります。開始コドンはAUGでメチオニンに対応し、終止コドンはUAA・UAG・UGAでアミノ酸に対応しないことになります。
DNA二重らせんの読み取られない側の鎖にも相補的に塩基があることと、RNAではTでなくUが用いられていることに注意してください。
3. コドンに結合するtRNAの3塩基をアンチコドンといいます。遺伝暗号表はmRNAコドンとアミノ酸の対応で書かれることが多いですが、直接特定のアミノ酸を運んでくるのは、特定のアンチコドンをもったtRNAです。

DNA → mRNA → tRNA の塩基配列の対応

DNA		mRNA		tRNA
A	→	U	→	A
T	→	A	→	U
G	→	C	→	G
C	→	G	→	C

POINT 68

◆4種の塩基の3つ並びでつくる64種類の暗号

Chapter 8　遺伝子のはたらき

Stage 69　翻訳の流れ
「イントロン」は読まれない

遺伝子の翻訳が行われるリボソーム部位を拡大したのが次の図です。

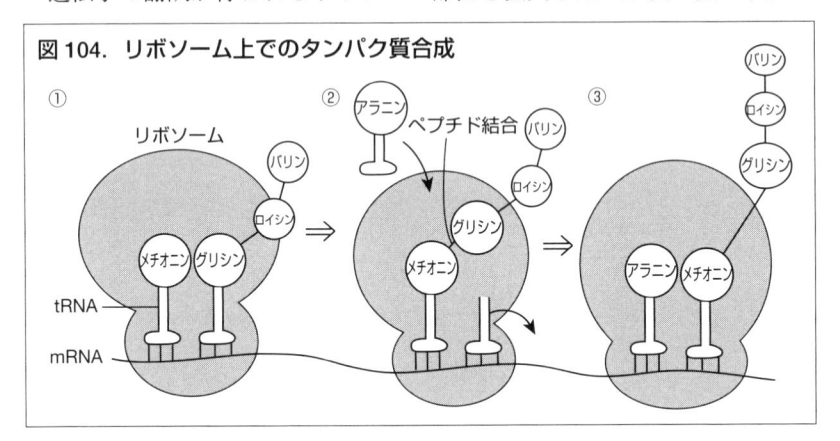

図 104. リボソーム上でのタンパク質合成

タンパク質合成はリボソームにセットされた mRNA 上で行われます。タンパク質の原料となるアミノ酸は、tRNA によって次々に運ばれます。図をよくみながら読んでいきましょう。

図の①では、すでにバリンとロイシンとグリシンがペプチド結合で結ばれています。まだメチオニンはグリシンとペプチド結合されていません。

②でグリシンを運んでいた tRNA がはずれます。rRNA のはたらきによってメチオニンとグリシンとの間にペプチド結合がつくられています。さらに次のアミノ酸、アラニンが運ばれてきます。

③では、メチオニンが移動して今までメチオニンがいた場所にアラニンが運ばれてきました。上と同じ手順で、今度はメチオニンとアラニンの間にペプチド結合が形成されます。

こうした手順をいくつもくり返すことにより、数十～数百個のアミノ酸が結合してタンパク質がつくられていくのです。

Stage 69 翻訳の流れ

図 105. 遺伝暗号の移り変わり

①DNA 鎖	—GACCGCATGGTGCT…GGGAGCGTTTGTGATTACG—
②DNA 鋳型鎖	—CTGGCGTACCACGA…CCCTCGCAAACACTAATGC—
③mRNA 前駆体	—GACCGCAUGGUGCU…GGGAGCGUUUGUGAUUACG—
	エクソン1　イントロン1　エクソン2
	（スプライシングにより、イントロン部分が消失）
④mRNA	—GACCGCAUGCGUUUGUGAUUACG—
⑤tRNA	—　　　　UACGCAAAC—
⑥タンパク質	非翻訳領域—メチオニン—アルギニン—ロイシン—終止—非翻訳領域

　DNA 鋳型鎖の暗号は mRNA とは裏返しになっています。③ mRNA 前駆体は①の裏返しの裏返しで、①と③はほぼ同様の暗号になっていることに注目してください。

　② DNA 鋳型鎖を RNA ポリメラーゼが転写して③ mRNA 前駆体ができます。そのイントロン部分がスプライシングされ、④ mRNA ができます。その mRNA はすべてがアミノ酸に翻訳されるわけではありません。開始コドン AUG（→ Stage 68）より前の部分と、終止コドン UGA よりあとはリボソームに翻訳されません（非翻訳領域といいます）。

　このように DNA の塩基配列の中で実際にタンパク質に指定されるのはほんの一部となります。ヒトでは3％程度と考えられています。

表21. タンパク質ができるまで

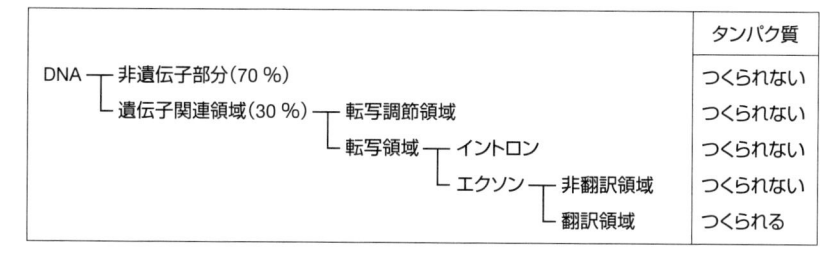

DNA				タンパク質
非遺伝子部分（70 %）				つくられない
遺伝子関連領域（30 %）	転写調節領域			つくられない
	転写領域	イントロン		つくられない
		エクソン	非翻訳領域	つくられない
			翻訳領域	つくられる

POINT 69

◆リボソームが進むとペプチド鎖が伸長する
◆転写されても翻訳されない領域（イントロン・非翻訳領域）がある

Chapter 8　遺伝子のはたらき

Stage 70　翻訳後の流れ
内勤と外勤に分かれるタンパク質

細胞内ではたらくタンパク質と、細胞外にでてはたらくタンパク質

　細胞内ではたらくタンパク質としては、細胞質基質での代謝にかかわる解糖系の酵素（→ Stage 41）のほか、細胞そのものに蓄積されるケラチン（毛や表皮を硬くする）などがあります。一部はミトコンドリアなどの細胞小器官に送られます。

　一方、細胞内で合成されたあと、細胞外に排出されてはたらくものもあります。消化酵素やホルモン、細胞間を埋め合わせるコラーゲンなどです。

　それでは、細胞内・細胞外への振り分けはどのように行われるのでしょうか？

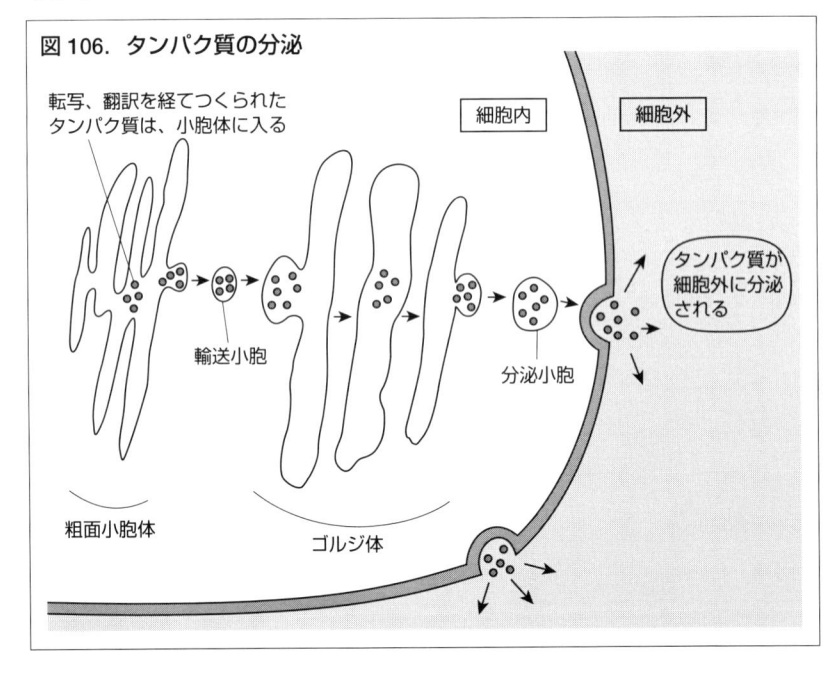

図106. タンパク質の分泌

転写、翻訳を経てつくられたタンパク質は、小胞体に入る

細胞内　細胞外

輸送小胞

分泌小胞

タンパク質が細胞外に分泌される

粗面小胞体　　ゴルジ体

166

タンパク質を合成するリボソームには、細胞質に浮いている遊離リボソームと小胞体に結合したリボソームがあります。リボソームが結合した小胞体を粗面小胞体といいます。

　遊離リボソームでつくられたタンパク質は、そのまま細胞内ではたらくものと、ミトコンドリアなどほかの細胞小器官に送り込まれるものに分かれます。ミトコンドリアなどに送り込まれるものは、ペプチド鎖の最初にシグナルペプチドという行き先を示す部分があり、送り込まれたあとに切断されます。

　一方、**粗面小胞体のリボソームでつくられたタンパク質は小胞体に送り込まれ、輸送小胞でゴルジ体に輸送されたあとにそこで修飾を受けます。最後に分泌小胞を経て細胞外にだされ、その場ではたらくか血流にのって全身をめぐったうえで特定の細胞にはたらきます。**一部は細胞膜にとどまり膜タンパク質になります。

フォールディング（折りたたみ）

　タンパク質のアミノ酸配列（一次構造）は遺伝子で決定されていますが、立体構造は細胞質・細胞小器官・小胞体・ゴルジ体の中で折りたたまれてつくられます。正しい形に折りたたむことをフォールディングといい、それを促進するタンパク質を分子シャペロンといいます。

　細胞に熱を加えると増えることから熱ショックタンパク質とよばれていた分子群が、この分子シャペロンとわかってきました。熱が加えられるとタンパク質が異常な折りたたみをつくりやすいので、分子シャペロンを増やして正しい折りたたみを促進しようとするわけです。

　なお、折りたたみがうまくいかなかったタンパク質はユビキチンという物質と結合し、それを目印にしてプロテアソームというタンパク質分解酵素によって破壊されます。

POINT 70

◆遊離リボソームで合成されたタンパク質は、細胞質ではたらくかシグナルペプチドつきで他の細胞小器官に送られる
◆粗面小胞体で合成されたリボソームはゴルジ体を経て細胞外に分泌
◆タンパク質は分子シャペロンの助けでフォールディングされる

Chapter 8　遺伝子のはたらき

Stage 71　遺伝子突然変異のしくみ
1文字ずれると全部読みまちがい！

DNAの塩基配列に突然変異が生じると、アミノ酸配列が異なるタンパク質ができることで形質発現に差がでることがあります。ABO式血液型で考えてみましょう。

A型遺伝子の突然変異でB型、O型遺伝子が出現した

ヒトの血液型はもともとA型であったものが、突然変異によってB型が生じたことがわかってきました。それぞれの遺伝子の変異をおこした部分の一部の塩基配列を示すと以下の通りになります。

図107. 変異によるアミノ酸の変化

A型遺伝子　―G U G　A C C　C C U　… G G G　… G C C　… U G A―
　　　　　　　バリン　トレオニン　プロリン　　グリシン　　アラニン　　終止

B型遺伝子　―G U G　A C C　C C U　… G G G　… G G C　… U G A―
　　　　　　　バリン　トレオニン　プロリン　　グリシン　　グリシン　　終止

（下線部の塩基が置換）

O型遺伝子　―G U × A　C C C　C U U　… G G G　… U A A―
　　　　　　　バリン　　プロリン　バリン　　グリシン　　終止

（左から3つ目のGが欠失）　　　　　　　　　注：mRNAの塩基配列で表記

置換－塩基の一部が置き換わる

塩基が別の塩基に置き換わることを置換といいます。図のA型 → B型の変異では右から5番目の塩基が置換されていますね。置換がおきても3塩基の読み枠（フレーム）の位置は変わりません。その置換がおきた場所のアミノ酸だけが変化します（例：GCC アラニン→ GGC グリシン）。

1塩基置換による1アミノ酸変異が、深刻な疾病をもたらす場合もあり

ますし、ほとんど性質を変えない場合もあります。それには変異がタンパク質の立体構造にどのような影響を与えるかが関係しています。

欠失・付加　突然変異は、読み枠がかわる

　一方、A型 → O型の突然変異は、左から3番目の塩基が失われています（欠失）。すると、それ以降の3文字の読み枠（フレーム）がずれてしまいます。これをフレームシフトといい、アミノ酸配列が大きく変化してしまいます。塩基が加わる付加でも同様のフレームシフトがおきます。フレームシフトがおきた場合は、大部分の場合、新しいフレームの中に終止コドンが出現することが多く、本来のタンパク質より短いタンパク質となり機能を失うことが多くなります。

> **memo　酒に強いか弱いかは一塩基の差で決まる**
> 　　酒の強さは遺伝的に決まっています。肝臓での解毒は2段階の反応からなります（エタノール → アセトアルデヒド → 酢酸）。前反応を促進するADH（アルコール脱水素酵素）は人類が共通してもちますが、後反応を促進するALDH2（アセトアルデヒド脱水素酵素）の活性には個人差があります。その活性のちがいは、87番目のコドン（mRNA）を指定するDNAで決まります。
> 　このように個人によって1塩基だけちがう箇所が頻発する部位はたくさん（約140万箇所）みつかっていて、SNPs（1塩基多型 Single nucleotide polymorphisms）とよんでいます。同じ薬を飲んでも効果がちがうのは、このSNPsの個人差に起因するのではないかと考えられています。薬の作用や副作用の個人差は、DNA差から起因する分子や受容体の差であることが予測され、個人のSNPsが解析できれば、その人のSNPsに合わせた投薬量のコントロールが可能となるかもしれません。

POINT 71

◆「置換」では1アミノ酸変異、「欠失・付加」ではフレームシフト

Chapter 8　遺伝子のはたらき

Stage 72　真核生物と原核生物のゲノム比較
ぴちぴちに詰まった大腸菌ゲノム

　真核生物と原核生物は、転写・翻訳の基本的なしくみや遺伝暗号は同じです。そのために医薬品生成で大腸菌にヒトインスリンを合成させることができるのです。原核生物が真核生物と異なる点は以下のようなものです。

1. 原核生物には核膜がないため転写・翻訳がほぼ同じ細胞質で連続的におきる

　真核生物には核膜があります。そのため、核内で行われる転写、リボソーム上で行われる翻訳は、場所が離れているので時間差もありました。しかし原核生物では、細胞質内で連続して転写と翻訳が行われます。

2. 原核生物 DNA は環状 DNA である

　真核生物のDNAはヒストンに折りたたまれて染色体となっていますが、原核生物の DNA は環状 DNA です。

3. ゲノムサイズは小さい

　DNAの長さを示す場合、塩基 base のことを b で示します。ヒトゲノムは 32 億塩基対（3200 Mb）であるのに対し、大腸菌はその約 700 分の 1 の 470 万塩基対（4.7 Mb）です。

4. 原核生物 DNA には非遺伝子領域やイントロンがほとんどない

　ヒトゲノムは大腸菌ゲノムの 700 倍もありますが、遺伝子数は 6 倍程度しかありません（図108）。これはなぜでしょうか？　単細胞の大腸菌がもっている 4300 個の遺伝子は、多くが真核生物の細胞 1 つ 1 つが基本的な生命活動（基本的な代謝・細胞分裂など）を行ううえで不可欠な遺伝子であり、ヒトがその後進化の過程で獲得してきた遺伝子は 2 万程度でした。

　遺伝子数では 6 倍にしかなっていないのに DNA が 700 倍も増えてきたのは、非遺伝子領域やイントロンの部分を増やしてきたからです。大腸菌とヒトの遺伝子を図示すると、大腸菌はピチピチに遺伝子が詰まってお

り、ヒトではスカスカということになります。

図108. ヒトゲノムと大腸菌ゲノム

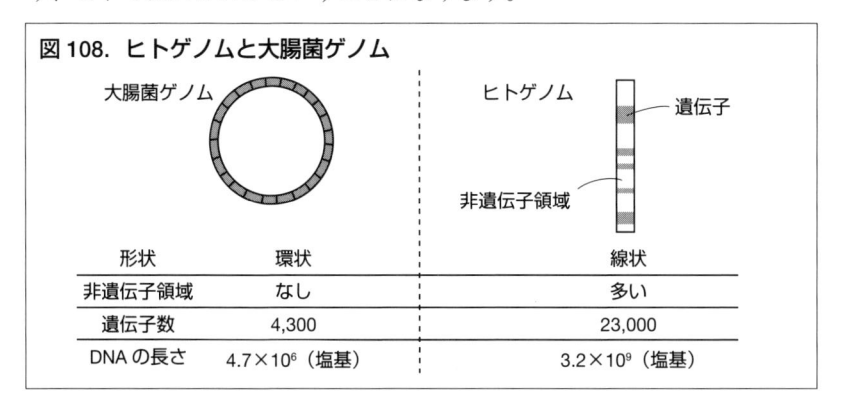

形状	環状	線状
非遺伝子領域	なし	多い
遺伝子数	4,300	23,000
DNAの長さ	4.7×10^6（塩基）	3.2×10^9（塩基）

スカスカの遺伝子が多様性を生みだす

しかし非遺伝子領域があることで、減数分裂時にその部分が組換えをおこしても、遺伝子が破壊されることなく新しい組み合わせの遺伝子を獲得できたなど、スカスカであったからこそ多様性の獲得が可能になりました。

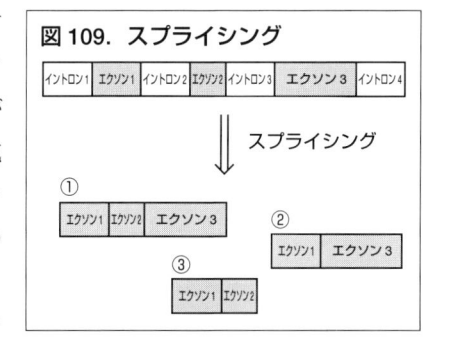

mRNAには、遺伝情報に関与するエクソン部分と関与しないイントロン部分があると述べましたが（→ Stage 69）、通常のmRNA形成過程では、すべてのイントロンを切りだし、すべてのエクソンをつなぎ合わせます（図の①）。

図109. スプライシング

しかし細胞によっては、エクソンの一部を捨てて②③のようなmRNAもつくりだされます。これを選択的スプライシングといいます。1つの遺伝子から多様な遺伝情報がつくられるようになり、真核生物の遺伝子発現の多様性を生みだしています。

POINT 72

◆原核生物ゲノムは環状で小さく、転写・翻訳は細胞質内で連続的におきる
◆真核生物の非遺伝子領域・イントロンは多様性発現に関与

Chapter 8 遺伝子のはたらき

Stage 73 遺伝子研究の歴史
1953年、DNA二重らせんモデル解明

遺伝子が染色体上にあることの発見（1865年～1926年）

1865年にメンデルは遺伝の法則を発見しました。この考えはいったん埋もれてしまいましたが、1900年には3人の学者（ドフリース・コレンス・チェルマク）が再発見しました。1903年、サットンは「遺伝子は細胞分裂時に出現するヒモ状の物質（染色体）の上にのっている」という染色体説を予測しました。1926年には、モーガンがショウジョウバエ染色体のどの位置にどの遺伝子がのっているかを示した染色体地図を完成し、染色体説がほぼ確定しました。

遺伝子はタンパク質かDNAか？（1926～1952年）

染色体はタンパク質とDNAでできているので、どちらが遺伝子であるかの論争がおきました。当時はDNAの構造は未解明な一方でタンパク質の解明が進んでおり、アミノ酸の多様性もわかっていたので「タンパク質が遺伝子」という考えのほうが有力でした。

1928年、グリフィスは多糖類のカプセルをもつS型（病原性）とカプセルをもたないR型（非病原性）について以下のような実験を行いました。S型菌はカプセルでネズミ・ヒトの免疫細胞から防御できるので、生きた病原性を示し、R型菌は白血球に貪食されて死ぬことにより、病原性を示さないわけです。3番目までは予測された結果ですが、4番目の実験で、なぜS型菌が復活するのかは不明でした。

表22. グリフィスの実験

S型菌をマウスに摂取	死ぬ（体内からS型菌）
R型菌をマウスに摂取	死なない（体内に菌なし）
加熱処理したS型菌をマウスに摂取	死なない（体内に菌なし）
R型菌と加熱処理したS型菌をマウスに摂取	死ぬ（体内にS型菌復活）

1944 年アベリーはこのグリフィスの実験に加え、

表 23. アベリーの実験

S 型菌をすりつぶした抽出液 + R 型菌	S 型菌出現
S 型菌をすりつぶした抽出液 + タンパク質分解酵素 + R 型菌	S 型菌出現
S 型菌をすりつぶした抽出液 + DNA 分解酵素 + R 型菌	S 型菌出現せず

という実験を行い、DNA 分解酵素で処理したときは形質転換がおこらなくなることを確認し、DNA こそが形質転換をおこす能力をもつ遺伝子であると予測しました。

さらに、1952 年にはハーシーとチェイスが、バクテリオファージのタンパク質と DNA を放射性同位元素で標識して大腸菌に感染させたところ、標識 DNA のみ大腸菌内に侵入し、タンパク質は菌体外に残り、子ファージに標識 DNA が含まれることを確認しました。これにより、**DNA が遺伝子**と確定しました。

DNA 構造の解明（1953 年）

DNA 分子構造の解明には、2 人の研究者が大きな役割を果たしました。シャルガフはさまざまな生物の DNA の塩基の存在比率を調べ、どの生物でも「アデニンの％＝チミンの％」、「グリシンの％＝シトシンの％」であることを突き止めました。ロザリンド・フランクリンは、DNA の X 線回折写真を撮って、DNA が二重らせん構造であることを突き止めました。

実際に分子構造を解明したワトソンとクリックは、この 2 人の研究にヒントを得ました。「DNA は二重らせん構造をつくり、塩基 A と T、G と C が水素結合している」というモデルを組み立て、1953 年 4 月に科学雑誌 Nature に発表しました。この発見には、研究者どうしの軋轢など人間くさいドラマが隠されています。興味のある人は、「ダークレディと呼ばれて（化学同人）」を読んでみてください。

POINT 73

◆遺伝子本体はタンパク質でなく DNA であることが解明された
◆シャルガフ（A ％ ＝ T ％、G ％ ＝ C ％）とフランクリン（二重らせん）の基礎研究のもとに、ワトソン・クリックが DNA の二重らせん構造を解明した

Chapter 8 遺伝子のはたらき

column | **遺伝子組換えによる医薬品生産**

　昨今の遺伝子工学技術の発展により、遺伝子を組換えることで医薬品をつくることができるようになりました。

　大腸菌から小型の環状 DNA を取りだし、それを制限酵素で切断します。一方、健康なヒトのインスリン遺伝子も同じ制限酵素で切りだし、それを混ぜて今度は DNA リガーゼという糊の役割をする物質を用いて結合します。この操作によってヒトインスリン遺伝子入りの大腸菌 DNA を得ることができ、この DNA を大腸菌に戻すと、大腸菌が増殖することによってヒトインスリンも大量に生産できます。こうして、インスリンだけでなく、成長ホルモン・インターフェロンなど多くの医薬品がつくられるようになりました。

　一方、除草剤耐性など特定の性質の遺伝子を組み込んだ組換え作物は食品の安全性に対する消費者の不安が大きく、その是非が議論されています。

練習問題

問1 DNAをまきつけるタンパク質は何か。

問2 RNAがDNAと構造上・成分上異なる点を3つ書け。

問3 DNA・RNAの基礎単位を何というか。

問4 DNAの相補的塩基対のペアを書け（2つ）。

問5 DNAのA（アデニン）に結合するRNAの塩基は何か。

問6 セントラルドグマでDNA→RNAを何というか。

問7 RNA→タンパク質は何というか。

問8 DNAの複製方式は何か。

問9 遺伝暗号は何通りあるか（終止コドン含む）。

問10 真核生物でスプライシングを経てmRNAに残される部位はどこか。

問11 10にはさまれる部位はどこか。

問12 どの細胞でも発現している遺伝子を何というか。

問13 深刻な影響がでる可能性が高い遺伝子突然変異は欠失・付加と置換のどちらか。

問14 大腸菌ゲノムの形態的特徴は何か。

解 答

問1：ヒストン
問2：①一本鎖（DNAは二本鎖・二重らせん）②糖がリボース（DNAはデオキシリボース）③塩基にウラシルがある（DNAではチミン）
問3：ヌクレオチド
問4：A–T　G–C
問5：U（ウラシル）
問6：転写
問7：翻訳
問8：半保存的複製
問9：64通り（4×4×4）
問10：エクソン
問11：イントロン
問12：ハウスキーピング遺伝子
問13：欠失・付加（フレームシフトがおきる）
問14：環状DNA

□生態系の物質循環
□光合成
□窒素同化・窒素固定・脱窒
□イネの一生と植物ホルモン
□花が咲くのは？
□共生が育む生態系

Chapter 9
生態系と植物

　私たちをとりまく環境には、植物（生産者）・動物（消費者）・菌類・細菌類（分解者）などさまざまな生物が生きています。この章ではその生態系の多様性を学んでいきます。さらに、有機物を太陽光エネルギーで合成する植物についても学んでいきましょう。

Chapter 9 　生態系と植物

Stage 74　生態系の物質循環
天下の回りもの、炭素と窒素

生態系 ecosystem とは？

　ある地域にすむ生物群集とそれをとりまく光・温度・土壌などの環境（非生物的環境）をまとめて生態系といいます。

　生物群集は、みずから有機物を合成する生産者（主に植物）、他の生物を摂食する消費者（主に動物）、他の生物の枯死体・排泄物を分解する分解者（主に菌類・細菌類）から成り立ちます。炭素・窒素の流れから生態系の様子をみていきましょう。

炭素循環

　下図に炭素循環の様子を示します。生態系に降り注ぐ太陽光のエネルギーで植物が光合成を行い、CO_2 と H_2O からグルコースをつくって有機物の化学エネルギーに転換します。有機物は摂食や枯死体・排泄物を通じて動物・菌類・細菌類に移動します。

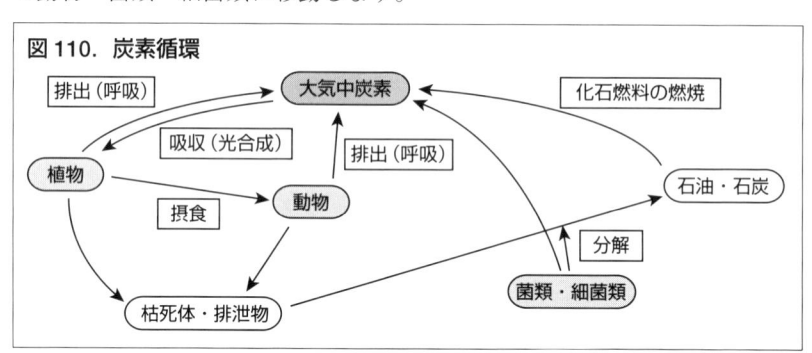

図110. 炭素循環

　生物は呼吸でグルコースを CO_2 と H_2O などに分解することで ATP を合成し、さまざまな生命活動を行います。しかしそのエネルギーは最終的に熱エネルギーとして排出され、生態系からでていきます。一方、呼吸で放出された CO_2 は再び植物の光合成に利用され、物質は循環しつづけます。

窒素循環

窒素循環は枯死体・排泄物から考えるとわかりやすいでしょう。枯死体・排泄物は風化作用を受けるとともに、ミミズなどの土壌動物が分解し細かく砕きます。さらに菌類・細菌類がそれを吸収しその中に残された有機物を活用して呼吸します。タンパク質などの窒素を含む有機物も呼吸に利用され、NH_4^+（アンモニウムイオン）が放出され、その一部は菌類・細菌類がみずからの体をつくる材料として取り込みますが、多くはそのまま土壌に残されます。次に土壌中の硝化細菌のはたらきで、NH_4^+はNO_3^-（硝酸イオン）に変化します。NO_3^-を植物が取り込み、それを光合成由来の有機物と結合してアミノ酸を合成（窒素同化）し、タンパク質・核酸・ATP・クロロフィルなど窒素を含む有機物（有機窒素化合物）を合成します。これらは再び枯死体・排泄物として循環していきます。

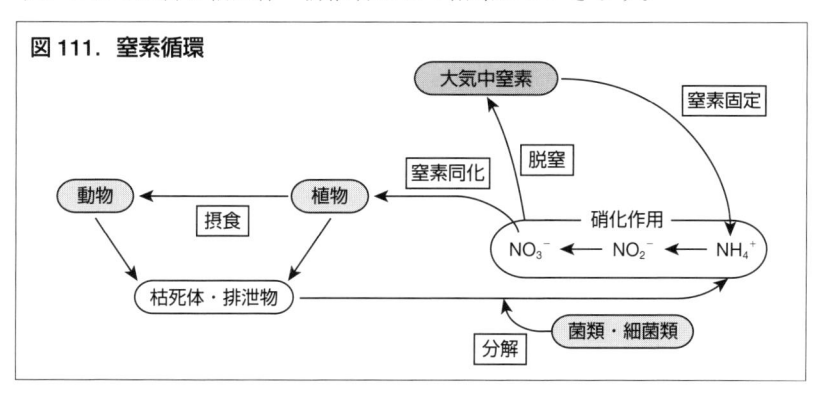

図111. 窒素循環

POINT 74

◆生態系は生物群集（生産者・消費者・分解者）とそれをとりまく非生物的環境からなる
◆生態系の物質の流れは炭素と窒素の循環で捉える

Chapter 9 　生態系と植物

Stage 75　光合成
膜で光を受け、部屋で糖をつくる

　植物は葉緑体で光エネルギーを使って CO_2 と H_2O からグルコースをつくっています。つくられたグルコースは、動物、菌類、細菌類含む多くの生物の有機物の源になっています。

葉緑体の構造

　葉緑体は、二重の膜に包まれた構造をしており、光合成色素を含むチラコイドと、酵素などを溶かし込んでいるストロマがあります。

　チラコイドでは、光エネルギーを用いる光合成の第一段階である明反応が行われ、ストロマでは光エネルギーを用いない光合成の第二段階である暗反応が行われます。

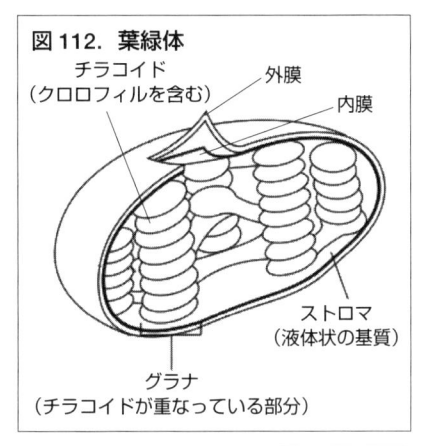

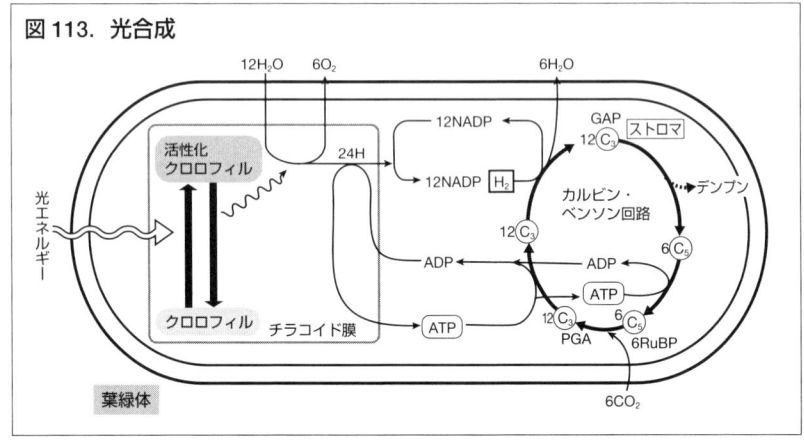

図 112. 葉緑体

図 113. 光合成

明反応

　光のエネルギーをクロロフィルで受け止め、そのエネルギーを使って水を分解して酸素を放出し、水素は補酵素 NADP（ニコチンアミドアデニンジヌクレオチドフォスファート）に結合して $NADPH_2$ となります。同時に、取りだした水素は NADP に結合させて運びます。

　$12H_2O + エネルギー \rightarrow 24H (12NADPH_2) + 6O_2$

暗反応

　この反応は光が関与しない反応なので暗反応とよばれますが、発見者の名称をとってカルビン・ベンソン回路ともいわれます。

　気孔から吸収した CO_2 と、明反応でつくられた $NADPH_2$ 由来の H_2 を ATP のエネルギーを加えながら回転する化学反応回路があり、グルコースが生産されるとともに水が放出されます。

　$6CO_2 + 24H (12NADPH_2) \rightarrow C_6H_{12}O_6 + 6H_2O$

光合成は呼吸の逆反応

　光合成の式をまとめると

　$6CO_2 + 12H_2O \rightarrow C_6H_{12}O_6 + 6O_2 + 6H_2O$

となり、Stage 41 で学んだ好気呼吸の式

　$C_6H_{12}O_6 + 6O_2 + 6H_2O \rightarrow 6CO_2 + 12H_2O$

とちょうど逆の反応となります。光合成を行う葉緑体と好気呼吸を行うミトコンドリアは、Stage 05 で述べたように 20 億年前まで独立した生物であるラン藻・好気性細菌だったのですが、この両者も共通祖先から分岐し、反応系を逆にしたと考えられているのです。

POINT 75

◆光合成は、チラコイドで行われる水の分解反応（明反応）と、ストロマで行われる CO_2 の吸収とグルコース合成反応（暗反応）の 2 段階反応
◆ミトコンドリアと葉緑体の反応は逆反応

Chapter 9　生態系と植物

Stage 76　窒素同化・窒素固定・脱窒
マメ科がやせた土地でも育つワケ

窒素循環にかかわる代謝

　葉緑体は光合成でグルコースをつくるだけでなく、根から吸収したNO_3^-と光合成由来の有機酸（C・H・O）を結合させて、アミノ酸をつくることができます。これを窒素同化といいます。葉緑体というと糖（デンプン）だけをつくると思うかもしれませんが、アミノ酸づくりをしていることもおぼえておいてください。

　枯死体・排泄物由来のNO_3^-は水に溶けた形で根から吸収され、道管を通じて葉の細胞に運ばれたあと、葉緑体に送り込まれます。葉緑体でNH_4^+まで還元したあと、次々にいろいろなアミノ酸をつくっています。こうしてC・H・Oのみでできた有機酸にアミノ基が渡されてC、H・O・Nを含むアミノ酸になるのです。

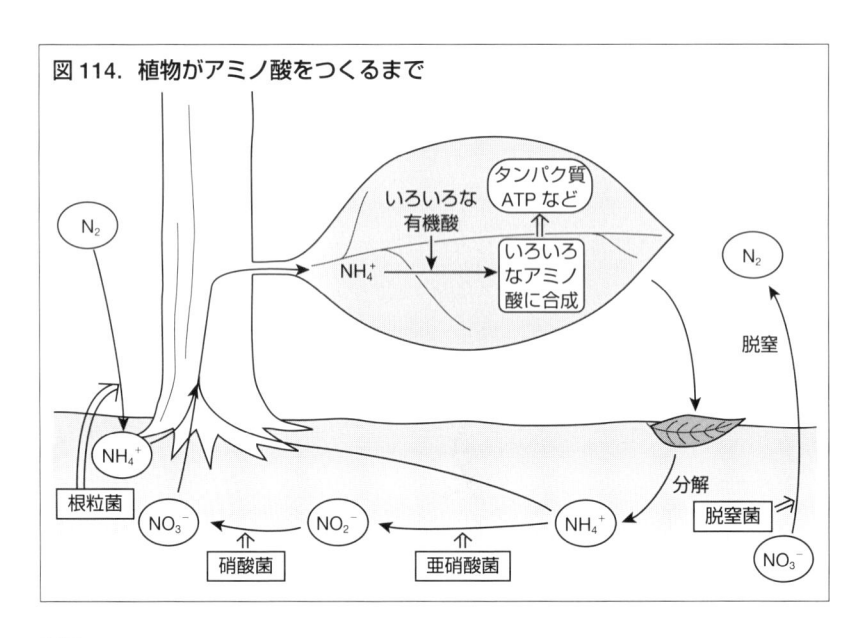

図114. 植物がアミノ酸をつくるまで

窒素固定とは〜マメ科植物が「やせた土地」で生育できるわけ

　緑色植物（葉緑体）は、土中や水中に溶け込んだ生物の遺体や排泄物由来の NO_3^-、NH_4^+ の窒素は利用できますが、同じ窒素でも空気の 80％ を占めている窒素ガス（N_2）を利用することができません。したがって農業では土中に NO_3^- が豊富に存在することが大切で、それを補うために窒素肥料や窒素に富んだ堆肥を農地に施すのです。しかし、マメ科の根に共生する根粒菌やシアノバクテリア（ラン藻）、アゾトバクター・クロストリジウムという細菌は、空気中の窒素から NH_4^+ を合成できます。これを窒素固定といいます。これらの生物はその後、NH_4^+ を素材に窒素同化によってアミノ酸を合成できます。

　根粒菌は、窒素分（NO_3^- など）の少ない土地でも、空気（土の粒子のすきまにある空気）中の窒素から NH_4^+ を合成し、マメ科植物に与えます。一方、マメ科植物は光合成のできない根粒菌に光合成産物の有機物（C・H・O 化合物）を与え、共生関係を結んでいます。

脱窒

　脱窒菌という細菌は、NO_3^- から N_2 をつくるという窒素固定と逆のはたらきをします。たとえば干潟では、生活排水や生物遺体由来の NO_3^- が過剰になりがちです。そのような環境では脱窒菌がこれを分解して空気中窒素に戻しています。最近では、浄化槽・下水処理場に脱窒菌の反応槽を設けて NO_3^- 除去をするなど、水質浄化に取り入れられています。

POINT 76

◆葉緑体は窒素同化も行う
◆窒素固定は窒素から NH_4^+ をつくるしくみ

Chapter 9　生態系と植物

Stage 77　イネの一生と植物ホルモン
真夏のイネは昼寝中？

　イネの種子は玄米で胚・胚乳・種皮からできています。発芽に必要な3条件（酸素・水・適温）を感知すると、胚は植物ホルモンであるジベレリンを分泌します。ジベレリンが糊粉層（種皮の内側で胚乳の最外部）にはたらきかけてアミラーゼ分泌を促進します。するとアミラーゼが胚乳のデンプンを糖に変え、その糖を利用し胚が発芽できます。

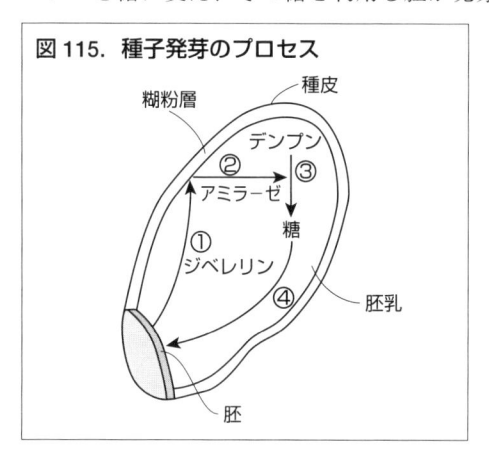

図115. 種子発芽のプロセス

（糊粉層、種皮、デンプン、アミラーゼ、糖、ジベレリン、胚乳、胚）

　発芽したイネは、細胞分裂を続けて細胞数を増やし、どんどん大きくなっていきます。その後、分裂を停止し特定の役割に分化した永久組織と、特定の役割に分化せず分裂を継続する分裂組織になります。分裂組織は、伸長するための茎頂分裂組織と根端分裂組織、肥大して茎を太くする形成層からなり、それ以外は永久組織になります。

　植物の茎の先端部は光へ向かって伸び、光合成効率を高めようとします。茎の先端部などが光のくる方向に屈曲する性質を光屈性といい、これをつかさどるのは植物ホルモンのオーキシンです。

オーキシンによる光屈性のしくみ（図116）
1. オーキシンが先端部でつくられる。
2. オーキシンは光の当たらない側に移動し、そののち基部に下降する。
3. それにより、光の当たらない側のほうが当たる側よりも伸長する。
4. 結果として、光の当たる側に茎が曲がる。

図116. 光屈性

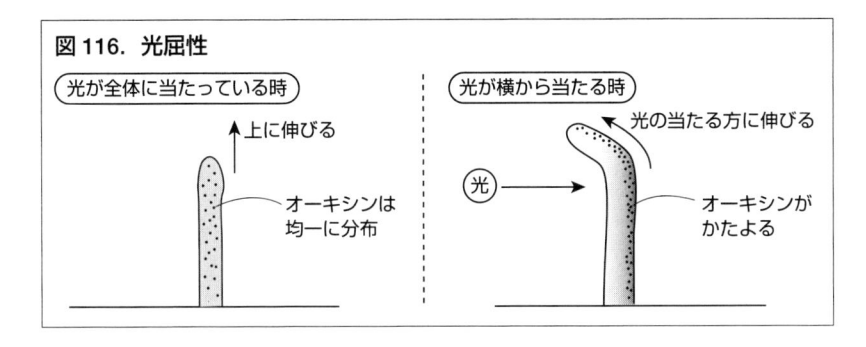

光が全体に当たっている時 — 上に伸びる / オーキシンは均一に分布

光が横から当たる時 — 光の当たる方に伸びる / 光 / オーキシンがかたよる

いろいろな植物ホルモン

強風に耐える〜エチレン

　台風はイネに大きな危険をもたらします。強風にさらされたイネからエチレンガスが放出されると、イネの伸長生長は抑制され、それ以上はあまり伸びないようにします。結果として丈が低く抑えられ、倒れにくくなるのです。また、エチレンには果実成熟を促進するはたらきもあります。

サイトカイニンによる気孔開きの促進

　植物は、葉の裏に多く存在する気孔から水蒸気を蒸散させたり、光合成に必要な二酸化炭素を吸収したりします。気孔を開かせる作用はサイトカイニンにより促進されます。

真夏のイネは昼寝〜アブシシン酸

　植物は、いつでも気孔を開いて蒸散させてよいわけではありません。乾燥・高温の時期は気孔を開くことで逆に必要以上の水分を失ってしまうので逆効果です。その場合はアブシシン酸のはたらきで気孔を閉じます。気孔を閉じると CO_2 も吸収できないので光合成も一時停止しますが、高温乾燥時に水分を失うことを回避できることのほうが重要なのです。

POINT 77

◆ジベレリン…種子発芽
◆オーキシン…光屈性
◆エチレン…果実成熟・強風時の伸長停止
◆サイトカイニン…細胞分裂促進・気孔開
◆アブシシン酸…種子休眠・気孔閉など

Chapter 9　生態系と植物

Stage 78　花が咲くのは？
夜の長さで季節を知る

　イネの実（種子）ができるためには開花が必要です。品種によってちがいはありますが、イネの開花は9月ごろです。環境が厳しくなっても移動できず、その場で耐え忍ぶしかない植物にとって、季節変化を敏感に感じ取ることは不可欠です。植物は日の長さ（実際は夜の長さ）を葉で感知し、花芽形成の時期を決めるしくみを進化の過程で発達させたのです。

　植物を花芽形成の季節で分類すると次のようになります。

表24. 植物分類

種類	花芽を形成する時期	植物例
長日植物	日が長くなる春～初夏に花芽	ホウレンソウ・アブラナ
短日植物	日が短くなる晩夏～秋に花芽	キク・イネ・コスモス
中性植物	いつでも花芽	セイヨウタンポポ・トマト

　しかし、この性質は「昼の長さ」「夜の長さ」のどれを感受しているのかは不明でした。ガードナーらはこれを調べるため、植物を異なる明暗条件下で育てることにより、花芽形成を調べる実験を行いました。
① 16時間の明期のあと、8時間暗期におく（長日条件）
② 8時間の明期のあと、16時間暗期におく（短日条件）
③ 8時間の明期のあと、16時間暗期におき、暗期の中間（8時間目）に光を短時間照射する（光中断実験）

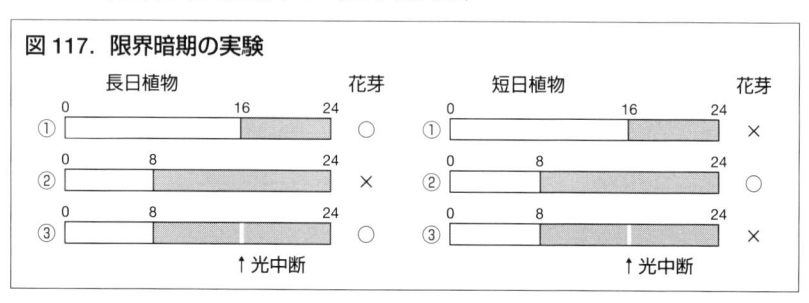

図117. 限界暗期の実験

	長日植物	花芽		短日植物	花芽
①	0　　　　　16　　24	○	①	0　　　　　16　　24	×
②	0　　8　　　　　　24	×	②	0　　8　　　　　　24	○
③	0　　8　　　　　　24　↑光中断	○	③	0　　8　　　　　　24　↑光中断	×

①、②の実験結果は自然界で行われていることそのものですが、これでは暗期・明期のどれが大切かはわかりません。

　しかし実験③では明期の長さはほとんど②と変わらないのに、結果が逆になっています。暗期の長さ全体は変わりませんが、連続暗期時間に注目すると、①と同じ8時間で、結果も①と同じになっています。よって「夜（連続暗期）の長さ」を感受していることがわかりました。

　短日植物のイネの場合、晩夏から秋にかけて夜の長さの変化を感知し、夜の長さがあるライン（限界暗期といいます）を超えたところで花芽形成のゴーサインがだされます。このように、夜の長さなど（他の生物の場合、昼の長さである場合もありうる）で、1日の光条件の変化を感知し、生物がある行動を示す性質を光周性といいます。

花成ホルモン（フロリゲン）

　光（暗期）条件を感知できるのは、成熟した葉に存在するフィトクロムという色素タンパク質です。フィトクロムが適切な条件を感知すると葉で花成ホルモン（フロリゲン）が合成され、葉から茎の先端部に師管を通じて移動し、花芽の形成を促します。

POINT 78

◆光周性とは生物が暗期や明期の長さで行動時期を決定する性質
◆短日・長日植物は連続暗期の長さで花芽形成時期を決めている
◆フィトクロムが光条件を感受し、花成ホルモン合成を促す

Chapter 9　生態系と植物

Stage 79　共生が育む生態系
「大」は「小」に支えられる

サンゴ虫内に共生する褐虫藻

　熱帯・亜熱帯の浅い海でサンゴ礁は発達します。白い石灰質（炭酸カルシウム）のサンゴをみたことがあるかもしれませんが、あれはサンゴの骨格です。生きているサンゴ（サンゴ虫という）はイソギンチャクと同じ仲間（刺胞動物）です。それが群れをなして暮らしながら体の外に石灰質の骨格をつくり、サンゴ礁をつくっていくわけです。

　サンゴ虫の中には褐虫藻が共生し、これが光合成で二酸化炭素を吸収して糖をつくるとともに、Ca^{2+} と結合させ石灰質の骨格をつくります。一方、サンゴ虫の側は生活の場を与えるだけでなく、サンゴ虫が触手で捕まえて取り込んで消化した窒素分の一部を褐虫藻に与えるとともに、みずからが呼吸で放出した CO_2 が光合成の原料となります。サンゴはそれを直接食べる魚（ブダイなど）を養うとともに隠れ場所も提供して、さまざまな生物がすむ場所となっています。

根圏

　植物の根の世界でも共生が成り立っています。枯死体・排泄物を分解する土壌動物は多様ですが、さらに根の周りに存在する微生物たちも多様です。

　根は先端部より根冠・根端分裂組織・伸長帯となっていますが、その上が根毛帯で大量の根毛が存在します。

　植物がよく根毛を伸ばすことができる土は、図のように団粒構造をした土です。団粒のすきまに空気を保って根の呼吸を支えるとともに、水分も保つことで乾燥時でも少しずつ根が吸収できるようにしています。

　さらにこの中には1gの土に1億もの微生物がいるとされています。根は先端から有機物を分泌したり、根の細胞自体がはがれ落ちたりします。

するとそれを栄養として微生物が活動します。微生物は根の吸収を助ける共生関係になっています。

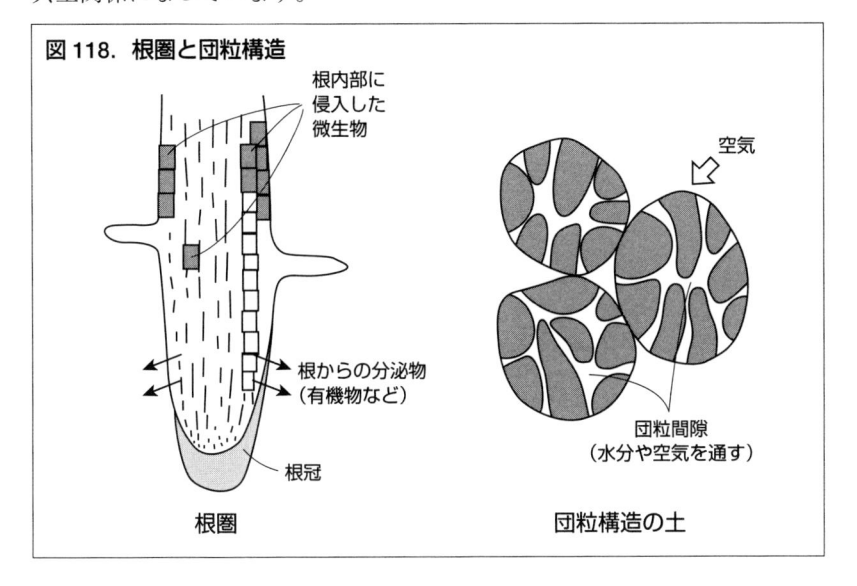

図118. 根圏と団粒構造

根内部に侵入した微生物
根からの分泌物（有機物など）
根冠
根圏

空気
団粒間隙（水分や空気を通す）
団粒構造の土

POINT 79

◆サンゴに共生する褐虫藻、根と根圏微生物などの共生が、生態系の多様性をつくりだしている

練習問題

問1 生態系で果たす役割から、植物、動物、菌類・細菌類をそれぞれ何というか。

問2 季節の日長（暗期）変化を感知して、植物が行動・分化を決める性質を何というか。

問3 光合成の明反応を行う場所はどこか。

問4 光合成の明反応で水素を結合する物質は何か。

問5 光合成の暗反応を行う場所はどこか。

問6 光合成の暗反応の別名は何か。

問7 サンゴ虫に共生する生物は何か。

問8 空気中窒素を NH_4^+ にする反応は何か。

問9 NO_3^- を N_2 にする反応を行う生物は何か。

問10 イネの発芽にかかわるホルモンは何か。

問11 光屈性にかかわるホルモンは何か。

問12 果実成熟にかかわるホルモンは何か。

解答

問1：植物＝生産者、動物＝消費者、菌類・細菌類＝分解者
問2：光周性
問3：葉緑体のチラコイド
問4：NADP
問5：ストロマ
問6：カルビン・ベンソン回路
問7：褐虫藻
問8：窒素固定
問9：脱窒菌
問10：ジベレリン
問11：オーキシン
問12：エチレン

□ ダーウィンの自然選択説
□ 五界説と40億年進化
□ 化学進化から最初の生物へ
□ ラン藻が酸素を生みだす
□ カンブリア爆発と生物の陸上進出
□ ほ乳類・霊長類の出現
□ ヒトの進化と私たちの未来

Chapter 10
生物進化

　体をつくる60兆個の細胞すべては受精卵が分裂したものですが、その受精卵は、卵と精子という細胞からつくられました。遡っていくと、現在の世界の人々は人類の祖先にいきつきますし、さらに霊長類の祖先、脊椎動物の祖先、多細胞生物の祖先などを経て、40億年前に原始地球の海に出現した最初の単細胞の原始生物にいたります。今地球に生きているすべての生物の細胞は40億年間、1回も途切れることなく「命」のバトンをつないできた兄弟姉妹なのですね。

Chapter 10 生物進化

Stage 80 ダーウィンの自然選択説
キリンの首はなぜ長い？

　最初に進化論を唱えた人はラマルクです。彼は「よく用いる器官は発達し、用いない器官は退化する」という「用不用説」を打ちだしました。これに対し、別の進化論を唱えたのがダーウィンです。ダーウィンの理論は彼の著作である「種の起源（1859 年）」に書かれており、以下のように要約できます。

1. 同じ生物集団内にさまざまな特徴をもった個体が生まれる（個体変異）。
2. 生まれる個体数は生存可能な個体数より多いため、生存競争がおき、環境に適応した個体が生き残る（自然選択）。
3. 生き残った個体群が新種へと進化していく。

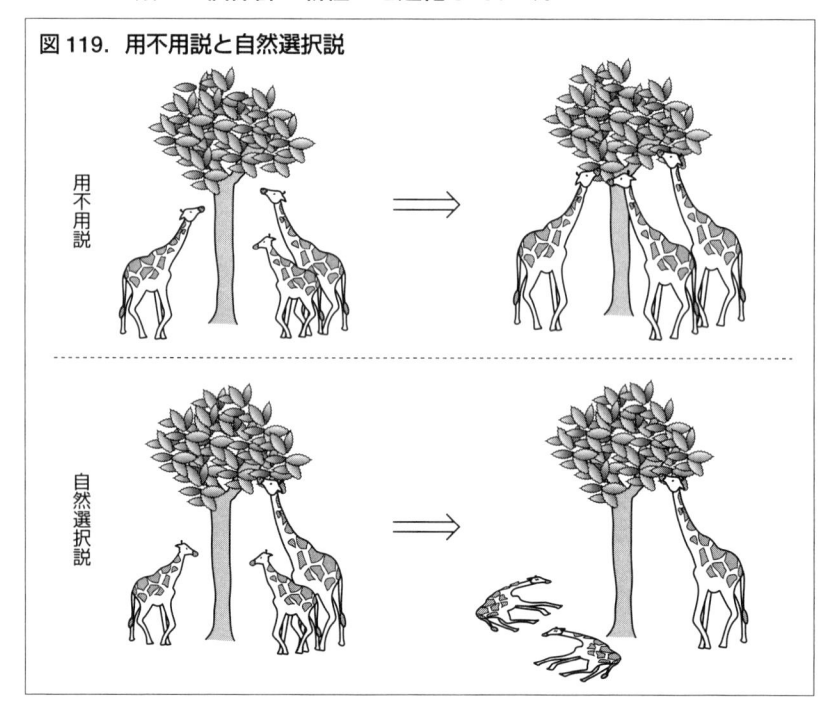

図 119. 用不用説と自然選択説

ダーウインのこうした考え方を、自然がその環境に適応して生き残る個体を選択するということから、自然選択説とよびます。
　ラマルクの考え方は、高い所にあるえさを取るために首を伸ばしているうちに首が少しずつ長くなり、その形質が子孫に遺伝（獲得形質遺伝）していったというものです。
　ダーウインの考え方は、キリンには首の長い個体や短い個体などさまざまなものがいるが、首の長い個体はえさを取るのに有利なため、首の長い個体の方が短い個体よりもより多く生き残っていったというものです。

ダーウイン以降の学者たちと「総合学説」

　ダーウインの考えは、「神が全生物をつくり、その姿は変わらない」とする当時のキリスト教の創造説からは反発されました。しかし、1900年に再発見されたメンデルの法則「遺伝子は変わらずに子孫に受け継がれる」からすると、「個体変異」が説明できないという問題が生じました。
　ド・フリースは、オオマツヨイグサ（月見草）を多数栽培し、その中で全く性質の異なるものが少数出現する遺伝子の突然変異を発見し、モーガンがショウジョウバエでも突然変異を発見しました。
　ワイスマンは、体細胞の突然変異は子孫に伝わらず、生殖細胞の突然変異のみが子孫に伝わるという生殖質連続説を唱えました。これにより、体細胞の変化が子孫に伝わるという獲得形質遺伝（ラマルク説）は基本的に否定されていきます。
　ワグナーは、オーストラリアにだけ独自のほ乳類（カンガルーなど有袋類、カモノハシなど単孔類）が生息していることから、「大陸移動などで生物集団が隔離されることで種が分化する」という隔離説を唱えました。
　以上を総合し、自然選択説を骨格としながら補強されたのが、現代進化論の主流である総合学説です。

総合学説のまとめ
1. **変異**　集団の中にさまざまな突然変異が出現する。突然変異が生殖細胞にもおきた場合、それは子孫に受け継がれる可能性がある。
2. **隔離**　もとの集団が、移動や地理的変動で、異なる環境の2集団に隔離され、それぞれの場所で異なる環境によって自然選択される。
3. **自然選択**　それぞれの環境に最も適応した個体が選択される。

Chapter 10 | 生物進化

4. **種の分化** 2・3の過程を経て、もとの集団が2つの異なる種に分化されていく。

相同器官

進化の証拠は現存する生物の中にも残されています。異なる生物が共通祖先から分岐してきたことを示す証拠の1つが、骨格などに残された類似性です。図はヒトの腕、クジラの胸びれ、コウモリの翼ですが、どれもヒトの上腕・下腕・手首に相当する3部位の構造でできていますね。

最初に陸上進出した原始両生類の前肢がほぼこの形であることもわかっており、その後の進化（種の分化）の過程で、それぞれの環境・生活様式に応じて、歩行・遊泳・飛行などに適した外形に変化していったことを示しています。外形や機能が異なっても、内部構造や胎児期の発生の場所や形態が似ていることから、同じ共通祖先の器官に起源をもつと推定される器官を相同器官とよびます（なお、鳥の翼と昆虫の翅のように、形態や機能は似ていても発生上の起源が異なるものを相似器官といいます）。

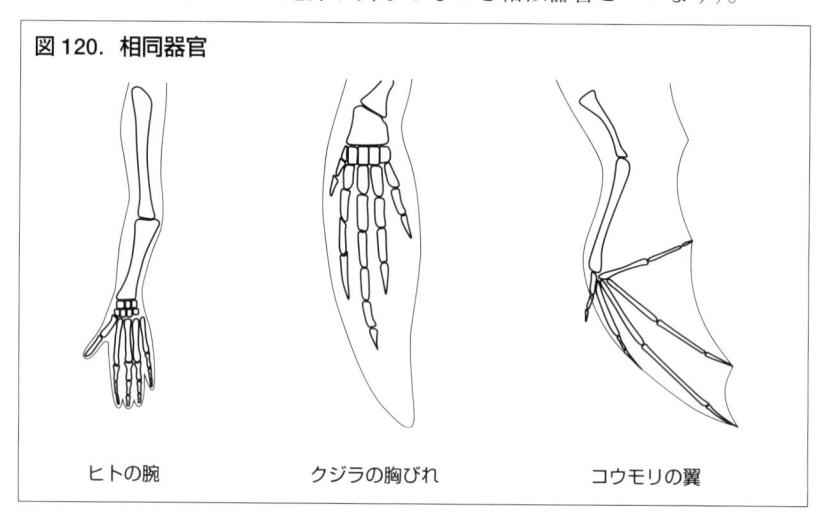

図120. 相同器官

ヒトの腕　　　クジラの胸びれ　　　コウモリの翼

POINT 80

◆ラマルクは用不用説、ダーウィンは自然選択説を唱えた
◆ダーウィン説を発展させた総合学説
◆共通祖先の存在を示唆する相同器官

column 木村資生の中立説

　自然選択説は、「生存に有利な突然変異をおこした個体が生き残っていくことにより、集団が新しい形態へと変わっていく」という考えでしたね。新しい形態は最初の形態に比べて変化したようにもみられるため、進化 (evolution) とよんできました。しかし、分子 (DNA) レベルの突然変異を調べたところ、生存に有利な突然変異はまれで、大部分は、生存に有利でも不利でもない突然変異（中立的な突然変異）が多いことがわかりました。

　木村資生は、「中立的な突然変異の多くは世代を経ると消失するが、その一部が偶然に集団内に広がり、進化をもたらす」という考え方（中立説）を打ち立てました（1968年）。ダーウインからの流れの総合学説は主に形態変化に注目するのに対し、中立説は分子レベルに注目するので分子進化の中立説ともいわれます。

Chapter 10 | 生物進化

Stage 81 五界説と40億年進化
生物はみな兄弟

種は多様、しかし祖先は一生物

　地球上には、命名されているだけでも300万種、未発見のものも含めれば数千万種の生物がいます。しかし遺伝暗号・細胞構造などの基本点が同じであるため、すべて最初に登場した原始生物の子孫と考えられています。このように多様な生物をどのように分類したらよいのでしょうか？

分類　二界説から五界説へ

　アリストテレスは生物を動物と植物に分けました（二界説）。二界説では光合成をしない菌類や原核生物である細菌を植物に入れなければならず矛盾が生じます。現在では、生物を原始生物の形態がちがう順に、モネラ界（原核生物界）・プロチスタ界（原生生物界、単細胞の真核生物）、そ

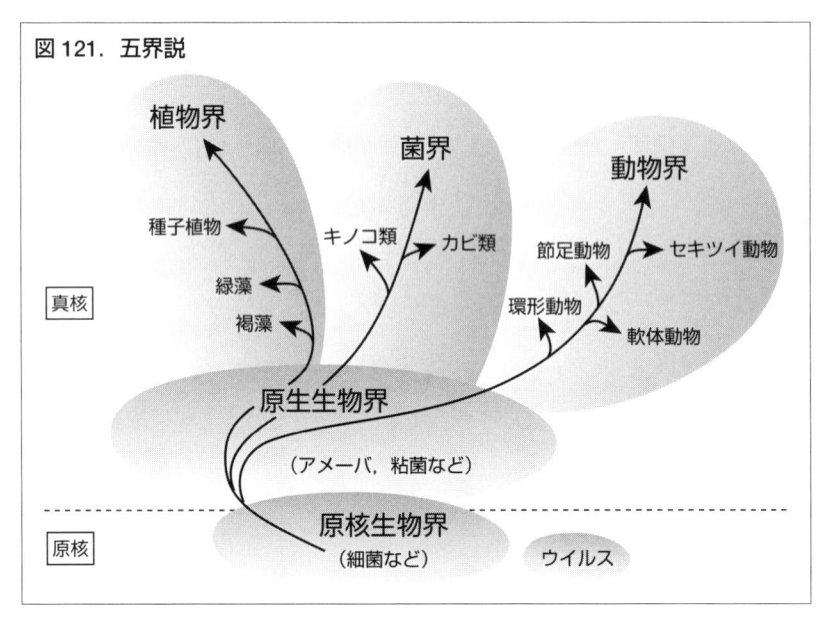

図121. 五界説

植物界
　種子植物
　緑藻
　褐藻
菌界
　キノコ類
　カビ類
動物界
　節足動物
　環形動物
　軟体動物
　セキツイ動物

真核

原生生物界
（アメーバ，粘菌など）

原核

原核生物界
（細菌など）

ウイルス

して多細胞化したものは、栄養形式から植物界（光合成）・菌界（分解吸収）・動物界（摂食）に分けています。

動物の分類

　動物の分類を取りだして表記すると以下のようになります。消化管が貫通していない原生・海綿・刺胞動物が根元に位置します。消化管が完成し、中胚葉も分化した三胚葉動物は、原口が口になる旧口動物（節足・軟体・線形・環形動物など）と原口が肛門になる新口動物（脊椎・原索・棘皮動物など）に分類されます。

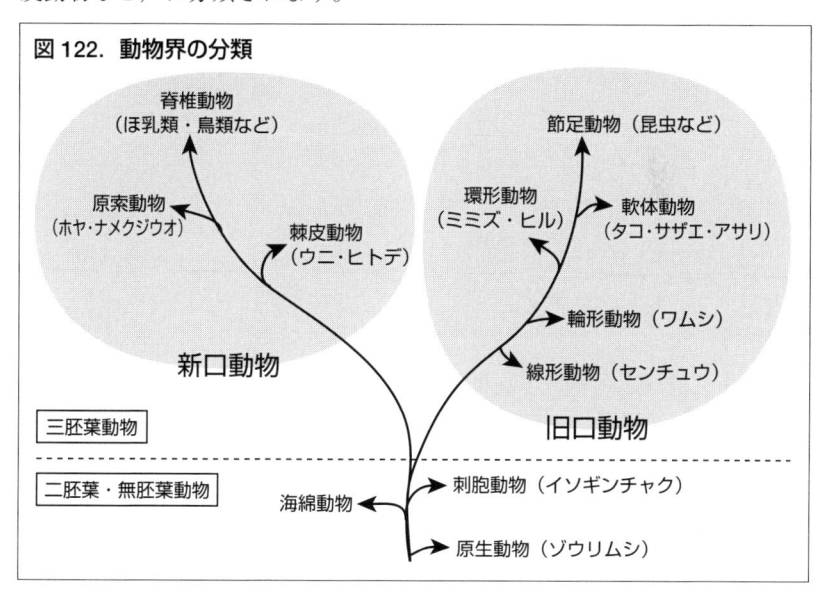

図122. 動物界の分類

脊椎動物（ほ乳類・鳥類など）
原索動物（ホヤ・ナメクジウオ）
棘皮動物（ウニ・ヒトデ）
新口動物

節足動物（昆虫など）
環形動物（ミミズ・ヒル）
軟体動物（タコ・サザエ・アサリ）
輪形動物（ワムシ）
線形動物（センチュウ）
旧口動物

三胚葉動物
二胚葉・無胚葉動物
海綿動物
刺胞動物（イソギンチャク）
原生動物（ゾウリムシ）

POINT 81
◆モネラ界・プロチスタ界・植物界・菌界・動物界に分類する五界説
◆消化管ができた動物は新口動物と旧口動物に分類される

Chapter 10 生物進化

Stage 82 化学進化から最初の生物へ
生物の進化カレンダー

地球カレンダー

地球の歴史 46 億年を 1 年にたとえてみましょう。

図 123. 地球カレンダー

- **1月**
  地球誕生。紫外線と隕石が海に降り注ぐ。大気には酸素がない。海の中で物質の合成（化学進化）が起きる。（46〜40億年前）

- **2月**
  最初の生物（原核生物）の誕生（40億年前）

- **5月**
  ラン藻が光合成を行い、酸素が生じる（27億年前）

- **7月**
  細胞内共生により、ミトコンドリア・葉緑体が登場。（20億年前）

- **11月中旬**
  カンブリア爆発。海の中で多様な生物が出現。（5.4億年前）

- **12月1日頃**
  動物の陸上進出（両生類出現）（3.5億年前）

- **12月中旬**
  裸子植物と恐竜の繁栄（2.5億年〜6500万年前）

- **12月25日**
  恐竜絶滅後、熱帯林と霊長類繁栄。（6000万年前）

- **12月31日正午**
  最初の人類出現（700万年前）

- **12月31日 23時30分過ぎ**
  現生人類（ホモサピエンス）登場（20万年前）

太陽エネルギー・隕石・海底からの熱水噴出

46 億年前、原始太陽系の微小惑星が集まり、地球が誕生しました。そこは、CO_2・N_2・H_2O などからなる大気と熱水の海に囲まれた環境でした。

海に太陽光が当たると水が蒸発し、また雨として降り注ぎ、雷も放電するという激しい気象現象（水循環）が生じます。また、海底ではマグマで熱された H_2S などを含む熱水が噴出します。原始大気の成分が海の中でアミノ酸や糖などを経てさまざまな有機物を生成していきました。このように生物なしに分子が複雑化することを化学進化といいます。隕石にもアミノ酸などが含まれて化学進化に貢献しました。40億年前に化学進化した有機物が膜に包まれ、原始生物が出現したと考えられています。

ミラーの実験

ミラーは、実際に原始地球の大気に模した環境をつくって水循環させ、雷に相当する火花放電を行ったところ、実際にアミノ酸・アルデヒドなどの有機物を合成することに成功しました。

memo　RNAワールド説

化学進化の過程で、遺伝子DNAとタンパク質はどちらが最初に出現したのでしょうか？　DNAの遺伝情報がないとタンパク質のアミノ酸配列は決まりませんし、DNAの合成にはDNAポリメラーゼをはじめとする酵素（タンパク質）が必要です。ここに「ニワトリが先か卵が先か」というパラドックスが生じます。

ところがRNAには、遺伝情報とともに酵素としての性質があることがわかってきました。RNA自身を自己切断できる能力（リボザイム）があるのです。したがって、化学進化の初期にRNAが遺伝情報と酵素作用をかねていた世界が出現し、その後、遺伝情報を二重らせんで安定なDNAに、酵素作用を立体構造の多様性がつくりやすいタンパク質に移したのではないかと考えられています。そして、RNAみずからはDNAとタンパク質の「つなぎ役」に退いたという考え方です。これをRNAワールド説といいます。

膜の出現

水中の化学物質は拡散する傾向があります。持続的に有機物が反応しあう空間を保持しないかぎり生命にはなりません。原始生物誕生にあたって、化学進化の物質を包む膜の生成による細胞が誕生しました。

POINT 82

◆原始の高熱の海で化学進化 → 生物誕生
◆熱水噴出孔が原始生物の誕生の場所として注目されている

Chapter 10 | 生物進化

Stage 83 ラン藻が酸素を生みだす
酸素をめぐる生物の分岐

光合成細菌の出現

　40億年前から数億年の間に生息していた生物は、化学進化で海に蓄積した有機物を取り込んで生きる従属栄養生物（みずから有機物合成することはできず、有機物を吸収する生物）か、熱水噴出孔付近のH_2S（硫化水素）を利用する化学合成細菌だったのではないかと考えられます。やがて、光の当たる水面近くで、H_2Sなどを利用してグルコースを合成できる光合成細菌が出現してきました。

シアノバクテリア（ラン藻）出現によるO_2出現

　光合成細菌はH_2Sが豊富な環境でしか生育できませんでしたが、約27億年前、H_2Oを利用する光合成能を獲得した生物がシアノバクテリア（ラン藻）でした。光合成細菌の廃棄物は硫黄ですが、シアノバクテリアの廃棄物はO_2です。ラン藻によって地球上にはじめてO_2が増えはじめ、生物社会に大きな転換をもたらすことになります。その理由は、O_2は細胞構造を酸化・破壊する危険性をもつとともに（酸素毒）、有機物を酸化して莫大なエネルギーを取りだす能力もあるからです。

O_2（酸素毒）から逃げた原始細菌たち

　無酸素状態で生きてきた原始細菌の多くは、酸素毒から逃れてO_2が少ない環境に逃げ込みました。その子孫が嫌気性細菌といわれる仲間です。現在、無酸素・高温・有硫化水素環境にすむ嫌気性細菌は過酷な環境にいると考えられがちですが、むしろこの環境こそが原始地球の環境に近いのです。嫌気性細菌からすれば、有酸素・常温・無硫化水素環境にいるヒトこそ過酷な環境にいることになります。

酸素に適応し、活用した生物たち

O_2 由来の物質で特に危険な物質が、活性酸素（イオン化した O_2^- など）や過酸化物です。一部の生物は SOD（活性酸素除去酵素）やカタラーゼ（過酸化水素分解酵素）を獲得することによって酸素毒を解毒し、O_2 環境に適応しました。さらに、解毒するだけでなく、O_2 を活用して好気呼吸で有機物を分解して多量の ATP を得る好気性細菌が誕生しました。

シアノバクテリア、好気性細菌の細胞共生による真核生物化

20 億年前になると、好気性細菌が大型細胞に細胞共生してミトコンドリアとなりました。さらに、シアノバクテリアが将来の植物となる生物に細胞共生することにより、葉緑体となりました。

同時期に細胞共生を受け入れた大型細胞は、遺伝子の入れ物として核膜に包まれた核をつくり、はじめて真核生物が出現しました。逆にいうと、40 億～21 億年前まではすべての生物が原核生物でした。もちろん原核生物のままで生活する生物もいたため、原核生物と真核生物が両方存在するようになって現在にいたります。

菌・動物・植物界への分岐（10 億年前）

10 億年前になると、真核生物は植物（光合成）・動物（摂食）、菌（分解吸収）へと分岐しはじめました。

POINT 83

- ◆シアノバクテリアが放出する O_2 により、嫌気性・好気性細菌が現れた
- ◆20 億年前、細胞共生により真核生物が誕生した

Chapter 10 生物進化

Stage 84 カンブリア爆発と生物の陸上進出
生物の種類も爆発的に増加

エディアカラ生物群（6億年前）

　12～6億年前の多細胞生物は細胞が少しずつ集まった程度であり、化石としても発見しにくいものですが、約6億年前から急に生物は大型化します。エディアカラ生物群とよばれますが、種類も多くなく、前後の軸はなく、海底に埋もれたり漂う形で存在するものがほとんどでした。

カンブリア爆発（5.4億年前）

　エディアカラ生物群に対し、5.4億年前に発見された化石の多くは、前後・左右・背腹の方向性をもち、多くは前方に泳ぐ生物群でした。これらは、カナダのロッキー山脈にみられるバージェス頁岩から発見されるため、バージェス頁岩生物群とよばれます。生物種が1万種類にも急増し、現存動物の原型となる生物がほとんど出現したほか、そのときかぎりで絶滅した不思議な形の動物、たとえば5つの眼と象の鼻のような触手をもつオパビニアや、頭に2つの触手と14対の体節のひれをもつアノマロカリスなどが登場しました。爆発的に種類が増え、カンブリア爆発とよばれます。多くは体表に殻をもつ無脊椎動物でしたが、この中に、体表は柔らか

図124. アノマロカリス

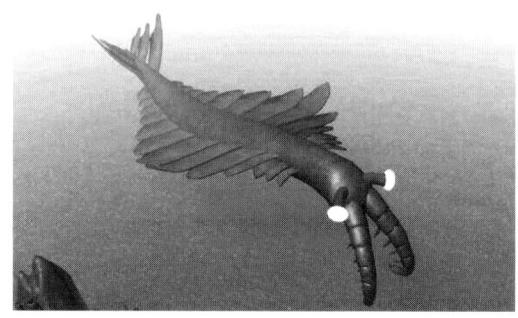

出典：ウィキペディア
"アノマロカリス"

く背中の位置に脊索をもって体をクネクネさせながら泳ぐピカイアも出現しました。このピカイアがやがて脊索を脊椎に置き換え、脊椎動物に進化していきます。

オゾン層の形成による紫外線吸収

　シアノバクテリアや真核生物の緑藻の光合成による O_2 は、最初は海に溶け込んでいた鉄イオンを酸化し、海底に酸化鉄の沈殿層をつくりました。現在、鉄資源として利用している鉄鋼床はこのときの沈殿層です。鉄イオンの酸化が終わると次に海中を飽和し、好気性細菌の出現やコラーゲン合成による多細胞化を引きおこしました。さらに増え続ける O_2 は海には溶けきれず、しだいに空気中へたまっていくことになります。そして大気中の O_2 濃度がおおよそ2％となった5～4億年前、O_2 は上空でオゾンに変化してオゾン層を形成し、地表に到達する紫外線を著しく減らしました。**これにより、DNA を変異させる危険性のある紫外線が存在していたために生物が進出できなかった陸上に、はじめて生物が進出できるようになりました。**

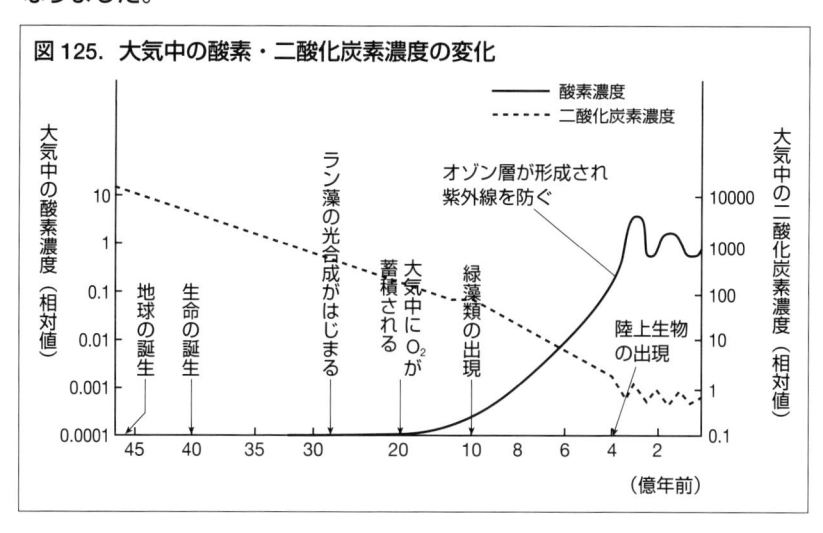

図125. 大気中の酸素・二酸化炭素濃度の変化

POINT 84

◆オゾン層の形成が陸上進出を可能とした
◆生物種が多様化したカンブリア爆発

Chapter 10 生物進化

Stage 85 ほ乳類・霊長類の出現
ほ乳類出現にせまる

ほ乳類とは？

　陸上化したは虫類から分岐してほ乳類・鳥類が生まれました。

　ほ乳類は、単孔類、有袋類、真獣類の3種類に分類できます。単孔類は卵生で生殖・排泄・排尿の孔が1つであり、カモノハシ・ハリモグラなどが代表です。有袋類は未熟な新生児を生み、袋で子育てをする生物です（コアラ・カンガルー・フクロモモンガ）。真獣類はその他大部分の胎生生物（有胎盤類）です。卵生のほ乳類も存在することから、胎生がほ乳類の共通点ではないことがわかりますね。**ほ乳類の共通点は、ほ乳行動を行うことです。**

は虫類から変化した顎の骨と耳小骨

　ほ乳行動とともに変化させたのが顎の骨と耳小骨です。は虫類では上顎・下顎は複数の骨でできていますが、ほ乳類では1つのみになりました。そして自由になった骨を、鼓膜の振動を増幅する耳小骨（きぬた骨・つち骨）にしました。下顎を1つの骨にして歯を埋め込み、咀嚼力を強めるとともに、聴覚も発達させる一石二鳥の転換でした。

胎生の獲得、そして樹上生活の霊長類へ

　真獣類は、新生児を胎生とほ乳で手厚く育てることで生存能力を増して繁栄します。その1グループが樹上生活をはじめた霊長類です。ほ乳類は恐竜の足元で逃げ回る夜行性の時代を長く続けてきましたが、天敵のいない樹上生活をはじめた霊長類の中から、夜行性の原猿類（キツネザル・メガネザル）から分岐し、昼行性で色覚を発達させ、樹上の果物を食べる真猿類が出現しました。真猿類はアメリカ大陸の新世界ザル（オマキザル）とユーラシア大陸の旧世界ザル（オナガザル）に分岐し、その中から類人

猿を経てチンパンジーへと分岐し、ヒトが出現することになるのです。

樹上生活で養った能力

霊長類は樹上生活で木の枝を渡って果実をみつけるために、目を顔の前面にもっていき、両目視野で立体視させることができるようになり、色覚発達も促されました。また、木の枝へのぶら下がり運動を経て脊椎が直立の形に近づいたことで、胸骨は前後方向に狭く、肩関節の可動性を増すように肩甲骨も背側に位置するようになりました。これらがやがて、直立二足歩行するヒトの出現へとつながったのです。

二色覚から三色覚へ

夜行性の霊長類の多くが緑・青の二色覚性網膜をもっていますが、昼行性になった霊長類は緑・赤・青の三色覚性網膜となり、果実や若葉を早めに識別できるようになりました。

POINT 85

◆胚膜を発達させた羊膜類
◆ほ乳類は、単孔類（卵生）、有袋類（未熟な新生児）、真獣類に分類
◆樹上生活の霊長類からヒトが分岐した

Chapter 10 | 生物進化

Stage 86 ヒトの進化と私たちの未来
Homo sapiens は本当に「賢いヒト」になれるか?

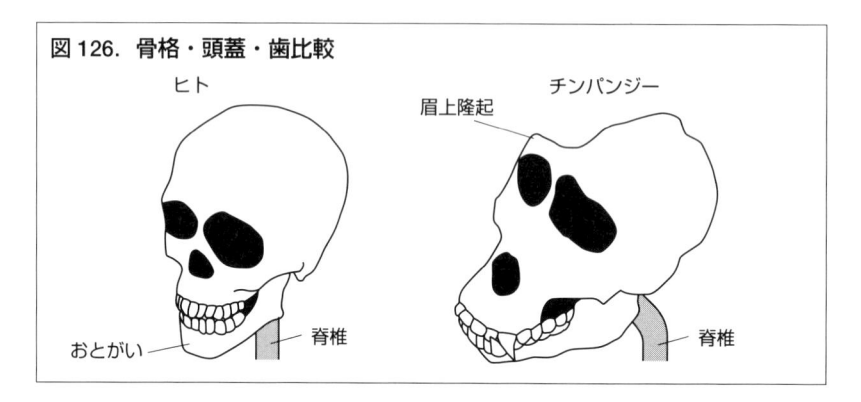

図126. 骨格・頭蓋・歯比較

ヒト / チンパンジー / 眉上隆起 / おとがい / 脊椎 / 脊椎

　ヒトとチンパンジーの骨格を比較してみましょう。ヒトでは脊椎が直立していますね。頭骨では「1. おとがいがでる　2. 歯が退化　3. 眉上隆起がない　4. 脊椎が真下からつく」といった点などが異なります。歯では丸みをおびて犬歯が退化しています。
　ヒトではチンパンジーと異なり、頭骨を脊椎が真下から支える構造となり、直立二足歩行をはじめました。自由になった手は石器の作成などを通じて精巧になり、脳の発達を促します。脳が肥大しても、脊椎が真下から支えていますので安定しています。やがて頭骨の内部の構造が変化し、さまざまな発音を使い分けることができる咽頭を発達させ、言葉を通じたコミュニケーションが脳をさらに発達させます（→ Stage 16）。

初期人類を支えた骨髄食

　人類とチンパンジーが分岐したのは700万年前のアフリカです。地上はライオン・ハイエナなど獰猛な肉食動物がいて、出現したばかりのヒトが食料獲得競争で勝利できる状態ではありませんでした。こうした中で、ヒトは肉食動物たちが残した骨を石器で砕き、その中にある骨髄を食べて生き延びたというのが有力な説です。

何種類もいたヒト

現在発見されている最古のヒト化石は700万年前のサヘラントロプス・チャデンシス（サヘル＝サハラ砂漠の南の国チャドで発見）ですが、ほかにも30種類に及ぶさまざまな人類の化石が発見されています。しかしネアンデルタール人など多くが滅び、現在の私たちの祖先は20万年前にアフリカで登場したホモ・サピエンス *Homo sapiens* です。ホモ・サピエンスは5万年前にアフリカをでてヨーロッパとアジア方面に移動し、日本列島には1万年前に到達しました。ヒトがもつミトコンドリアDNAの遺伝子変異を民族ごとに調べ、系統樹を描いてみると、この移動や民族の分岐の歴史、20万年前の祖先の母（ミトコンドリア・イブとよばれる）の存在が示唆されました。

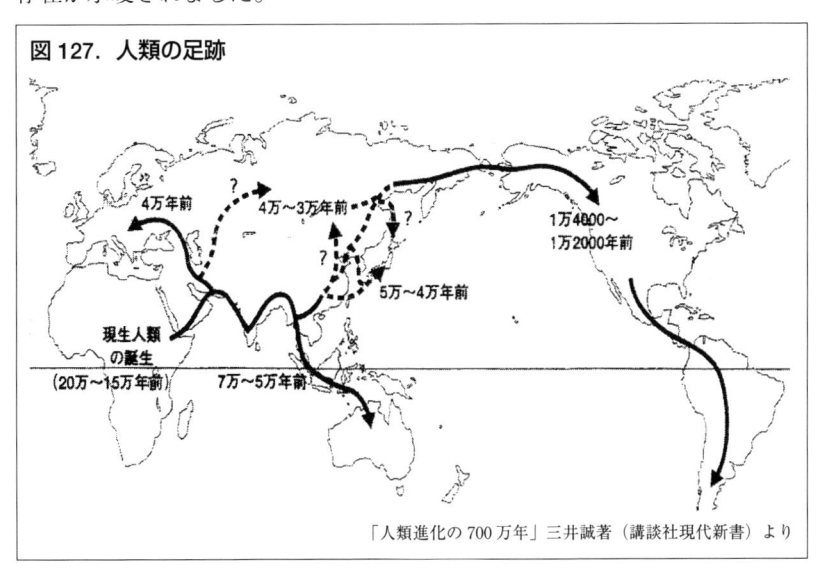

図127. 人類の足跡

「人類進化の700万年」三井誠著（講談社現代新書）より

Homo sapiens の意味は「賢い人」です。その名に恥じないよう、現在の環境破壊などの危機を乗り越え、他の生物と共生できる社会を築いていきたいですね.

POINT 86

◆道具や言葉の使用が脳発達を促す
◆現生人類は、20万年前に登場したホモ・サピエンス

練習問題

問1 用不用説（獲得形質遺伝）を提唱したのは誰か。
問2 ダーウィンが進化論を述べた著作は何か。
問3 ダーウィンの進化学説を何というか。
問4 ダーウィンの説をベースにその後の研究を合わせた説を何というか。
問5 4の説における進化の流れの要点を述べよ。
問6 外部形態は異なっても内部構造が類似する器官は何か。
問7 木村資生が唱えた説は何か。
問8 7の説で3の基本原理と対比させられる進化の原動力は何か。
問9 五界説の五界を述べよ。
問10 最初に登場した光合成生物は何か。
問11 10の次に登場した光合成生物は何か。
問12 11がもたらした地球環境の変化は何か（2つ）。
問13 チンパンジーと異なるヒトの特徴は何か（2つ）。
問14 現生人類の学名を述べよ。また、現生人類はおおよそ何万年前に現れたと考えられているか。

解答

問1：ラマルク
問2：種の起源
問3：自然選択説
問4：総合学説
問5：突然変異・自然選択・隔離（・進化）
問6：相同器官
問7：中立説
問8：遺伝的浮動
問9：モネラ界（原核生物界）・プロチスタ界（原生生物界）・植物界・菌界・動物界
問10：光合成細菌
問11：ラン藻（シアノバクテリア）
問12：酸素増加・オゾン層形成
問13：直立二足歩行、言語
問14：ホモ・サピエンス（*Homo sapiens*）、20万年前

索引

〈あ行〉

アクチンフィラメント　42
アセチルコリン　63
アデニン　157
アドレナリン　67
アブシシン酸　185
アポトーシス　136, 150
アミノ酸　80, 82, 160, 162, 163
アミラーゼ　59
アルコール発酵　96
アロステリック阻害　87
暗順応　31
暗帯　42
アンチコドン　163
暗反応　180
異化　88
閾値　39
異数体　113
一遺伝子雑種　118
遺伝　154
遺伝暗号表　162
遺伝子　154, 156, 172
遺伝子組換え　174
遺伝子診断　142
遺伝の法則　172
インスリン　67, 68
イントロン　160, 171
インパルス頻度　39
インフルエンザウイルス　6
うずまき管　34
内呼吸　89
内耳　34
栄養体生殖　102
エキソサイトーシス　17
液胞　15
エクソン　160, 171
エストロゲン　137
塩基　159, 169, 170
遠近調節　30
延髄　25
エンドサイトーシス　17

黄斑　33
横紋筋　28, 42
オーキシン　184
オプシン　31
オルニチン回路　61

〈か行〉

外呼吸　89
開始コドン　163
外耳　34
概日リズム　26
解糖系　92
海馬　23
外胚葉　146
外分泌腺　66
化学合成細菌　200
化学進化　198, 199
核　14
核小体　14
獲得形質遺伝　193
核膜　12, 14
角膜　30
隔離（説）　193
花成ホルモン　187
活性中心　84
活動電位　39, 40
活動電流　22, 38, 40
カルビン・ベンソン回路　181
癌　115, 131
感覚器　22
間期　108
環状DNA　170
肝小葉　60
肝臓　60
かん体細胞　31
冠動脈　55
肝動脈　60
間脳　25
間脳視床下部　62
カンブリア爆発　198, 202
眼房水　30
がん抑制遺伝子　115
基質　84
キモトリプシン　59
旧口動物　197

橋　25
凝集原　120
凝集素　120
共生　183
競争阻害　87
恐竜　198
極性　29
キラーT細胞　71
筋原線維　42
筋細胞　42
筋収縮　43
筋節　42
筋線維　42
筋肉　22
筋肉組織　28
グアニン　157
クエン酸回路　92, 94
クプラ　35
組換え　113, 130
グリア細胞　28
グルカゴン　67
クロロフィル　181
クローン　155
形質転換　173
血液　29, 46
血液凝固　50
血管内皮細胞　48
血管平滑筋　29
血球　47
結合組織　29
血しょう　47, 120
血小板　47, 50
血清　120
血糖量調節　66
血ぺい　50
ゲノム　105, 154, 170
限界暗期　187
原核細胞　12
原核生物　170, 201
原核生物界　196
嫌気呼吸　90, 96
嫌気性細菌　200
原口（背唇）　146
減数分裂　105, 110
原生生物界　196
原腸（胚）　146
交感神経　30, 62

209

好気呼吸　90, 92, 94
好気性細菌　12, 201
光屈性　184
抗原　70
抗原抗体反応　71
膠原線維　29
光合成　88, 180
光合成細菌　200
虹彩　30
光周性　187
恒常性　62
酵素　80, 84, 86
抗体　71
好中球　70
五界説　196
呼吸　36, 179
個体変異　192
骨格筋　28, 42
骨芽細胞　53
骨髄　47, 52
コドン　162
鼓膜　34
コラーゲン　29
ゴルジ体　15
コルチ器　35
根粒菌　183

〈さ行〉

細菌　13
最適 pH　87
サイトカイニン　185
細胞　10
細胞質（基質）　14
細胞周期　109, 114
細胞小器官　12, 14
細胞性免疫　71
細胞体　38
細胞共生　198, 201
細胞分裂　104
細胞壁　15
細胞膜　14, 16, 18
作動体　22
サヘラントロプス・チャデンシス　207
酸素解離曲線　56
三半規管　34, 35
紫外線　203

失活　86
糸球体　73
軸索　38
始原生殖細胞　134, 136
視交叉　32
視交叉上核　26
視細胞　22, 30
脂質　78
脂質二重層　16
耳小骨　34
視神経　30
自然選択　192, 193
シトシン　157
シナプス　38
ジベレリン　184
集合管　73
終止コドン　163
樹状突起　38
従属栄養生物　88, 200
絨毛膜　140
出芽　102
受精　139
受精能獲得　138
受精卵　143
受動輸送　18
主要組織適合性抗原複合体　121
受容体　22
シュワン細胞　28
消化　58
硝化作用　179
硝子体　30
常染色体　106
小脳　23
消費者　178
上皮組織　28
小胞体　15
しょう膜　140
静脈　48
食作用　70
植物　196
植物極　146
植物細胞　12
植物状態　24
植物ホルモン　185
自律神経　62
腎う　72

進化　194
真核細胞　12
真核生物　170, 201
進化論　192
心筋　28
神経管　147
神経系　22
神経膠細胞　28
神経細胞　22, 38
神経鞘細胞　28
神経組織　28
神経伝達物質　38
神経胚　147
人工受精　142
新口動物　197
腎細管　73
心室　54
心臓　49, 54
腎臓　72
浸透（圧）　16, 73
心房　54
水晶体　30
髄鞘　41
膵臓　66
水素結合　83, 157
錐体細胞　31
スクラーゼ　59
ストロマ　180
スプライシング　160, 165, 171
精原細胞　135
生産者　178
精子　112, 137
静止電位　40
生殖細胞系列　134
性染色体　106
精巣　134
生態系　2, 178
生体構成物質　78
生体膜　16
成長ホルモン　67
生物　10
生物群集　178
生物時計　26
生理的食塩水　17
脊索　147
脊髄反射　23

赤緑色覚異常　129
赤血球　47, 56, 120
線維性結合組織　29
全か無かの法則　39
染色体　14, 104, 106, 154
染色体異常症　125
染色体地図　172
染色分体　108
先体　137
先体反応　138
選択透過性　17, 18
前庭器官　34
セントラルドグマ　160
全能性　154
線溶　50
総合学説　193
相同器官　194
相同染色体　113
相補的塩基対　157
ゾウリムシ　11
組織液　46
疎水結合　83

〈た行〉

ダーウイン　192
体液性免疫　71
体外受精　142
体細胞分裂　105, 108
代謝　10, 88
大静脈　49
大腸菌　170
大動脈　49
体内時計　26
体内ホルモン　27
大脳　22
胎盤　139, 140
対立遺伝子　119
多因子遺伝病　125
多細胞生物　10
多精拒否　138
脱窒　183
卵　112
単位記号　3
単為生殖　103
単細胞生物　10
胆汁　59
炭水化物　78

炭素循環　178
タンパク質　78, 80, 82, 160, 166, 172, 199
タンパク質合成　164
置換　168
窒素固定　179, 183
窒素循環　179, 182
窒素同化　88, 179, 182
チミン　157
着床　139
中耳　34
中心体　15
中枢神経系　28
中脳　25
中胚葉　147
中立説　194
聴神経　35
跳躍伝導　41
チラコイド　180
チロキシン　65
チン小帯　31
花芽形成　187
テロメア　159
電子伝達系　92, 95
転写　160, 170
伝達　38
伝導　38
デンプン　59
同化　88
動原体　109
瞳孔散大筋　30
瞳孔反射　25, 30
糖質コルチコイド　27, 67
糖尿病　68
動物　196
動物極　146
動物細胞　12
動脈　48
透明帯　138
独立　130
独立栄養生物　88
突然変異　158, 159
トリプシン　59, 87
トロンビン　50
トロンボプラスチン　50

〈な行〉

内胚葉　147
内分泌腺　64, 66
ナトリウムポンプ　19, 40
二遺伝子雑種　118
二界説　196
二重らせん　158, 173
乳化　59
乳酸　97
乳酸発酵　96
ニューロン　38
尿　72
尿素　61
尿膜　140
ヌクレオチド　156
ネアンデルタール人　207
ネクローシス　150
ネフロン　72
脳下垂体　64
脳幹　24
脳死　25
能動輸送　19
ノルアドレナリン　62

〈は行〉

肺静脈　49
肺動脈　49
胚膜　140
破骨細胞　53
白血球　47, 70
発生　144
伴性遺伝　129
半透性　16
半保存的複製　158
ヒトゲノム　171
ヒト白血球抗原　121
ヒストン　107, 154
ビタミン　79
ピルビン酸　94
フィトクロム　187
フィードバック調節　65
フィブリノーゲン　50
フィブリン　50
フェニルケトン尿症　127

211

フォールディング　167
副交感神経　62
複製　158
不妊治療　142
フレームシフト　169
プロゲステロン　137
プロトロンビン　50
分化　11
分解者　178
分離の法則　118
分裂　102
分裂期　109
分裂準備期　108
平滑筋　28
ペースメーカー　55
ヘテロ接合体　119
ヘパリン　51
ペプシン　59, 87
ペプチド結合　164
ヘム　83
ヘモグロビン　47, 56, 83
ヘルパーT細胞　70
変異　193
変性　86
鞭毛　137
膀胱　72
胞子生殖　102
胞胚　146
胞胚腔　146
補酵素　85
ほ乳類　204
骨　29, 52
ホモ・サピエンス　207
ホモ接合体　119
ホルモン　65
翻訳　160, 164, 170

〈ま行〉

膜輸送　18
マクロファージ　70
末梢神経　28
マルターゼ　59
ミオシンフィラメント　42
ミトコンドリア　15, 90, 94
耳　34

味蕾　37
無髄神経　41
無性生殖　102
無羊膜類　140
眼　30
明暗調節　31
明帯　42
明反応　180
メラトニン　27
免疫　70
免疫グロブリン　71
メンデル　118, 172
毛細血管　48
盲点　32
網膜　22, 30
毛様体　30
門脈　49, 60

〈や行〉

有機物　78
有髄神経　41
優性　118, 119
有性生殖　102
優性の法則　118
有毛細胞　35
輸尿管　72
羊水　140, 141
用不用説　192
羊膜　140
羊膜類　140
葉緑体　15, 180
予定胚域図　148

〈ら行〉

ラクターゼ　59
卵割（期）　144, 146
ランゲルハンス島　66
卵原細胞　135
卵巣　134
ラン藻　12, 13, 200
ランビエ絞輪　41
卵母細胞　136
リソソーム　15
リパーゼ　59
リボソーム　15, 160, 164, 167
リン脂質　16

リンパ液　34, 46
リンパ節　71
霊長類　204
レセプター　68
レチナール　31
劣性　119
連鎖　130
レンズ　30
ロドプシン　31

≪欧文≫

αヘリックス　82
ABO式血液型　120, 122
ATP　90
βシート　82
B細胞　70
DNA　14, 154, 156, 199
DNA合成期　108
DNA合成準備期　108
DNAポリメラーゼ　158
hCG　141
HLA　121
MHC　121
mRNA　156, 160
p53遺伝子　115
pH　87
Rh式血液型　121, 123
RNA　154, 156
rRNA　156, 164
SS結合　83
tRNA　156, 160, 164
X精子　128
X染色体　106
Y精子　128
Y染色体　106
Z膜　42

著者紹介

朝倉 幹晴(あさくら みきはる)
1962年生まれ．東京大学農学部林産学科卒業
現在　駿台予備学校生物科講師

NDC460　　222p　　21cm

休み時間(やすみじかん)シリーズ
休み時間の生物学(やすみじかんのせいぶつがく)

2008年10月20日　第1刷発行
2024年 7月22日　第8刷発行

著　者	朝倉 幹晴(あさくら みきはる)
発行者	森田浩章
発行所	株式会社　講談社

〒112-8001　東京都文京区音羽 2-12-21
　　　販　売　(03) 5395-4415
　　　業　務　(03) 5395-3615

KODANSHA

編　集	株式会社　講談社サイエンティフィク
	代表　堀越俊一

〒162-0825　東京都新宿区神楽坂 2-14　ノービィビル
　　　編　集　(03) 3235-3701

本文データ制作	株式会社エヌ・オフィス
印刷所	株式会社ＫＰＳプロダクツ
製本所	株式会社国宝社

落丁本・乱丁本は，購入書店名を明記のうえ，講談社業務宛にお送り下さい．送料小社負担にてお取替えします．なお，この本の内容についてのお問い合わせは，講談社サイエンティフィク宛にお願いいたします．定価はカバーに表示してあります．

© Mikiharu Asakura, 2008

本書のコピー，スキャン，デジタル化等の無断複製は著作権法上での例外を除き禁じられています．本書を代行業者等の第三者に依頼してスキャンやデジタル化することはたとえ個人や家庭内の利用でも著作権法違反です．

|JCOPY| 〈(株)出版者著作権管理機構委託出版物〉

複写される場合は，その都度事前に，(社) 出版者著作権管理機構（電話 03-5244-5088, FAX 03-5244-5089, e-mail: info@jcopy.or.jp）の許諾を得て下さい．

Printed in Japan

ISBN978-4-06-155701-7

講談社の自然科学書

1テーマ10分休み時間を有効活用！

休み時間シリーズ

初学者におすすめの超基本シリーズ

☆ 見開きに2頁に1項目 ⟶ 見やすい、わかりやすい

☆ 内容は最小限の基本事項のみ ⟶ 基本がしっかり学べる

☆ 項目ごとのポイントと練習問題つき ⟶ 着実に理解度アップ

休み時間の免疫学 第3版
齋藤 紀先・著　A5・271頁・税込2,200円

新規項目（自然免疫、細胞内シグナル伝達など）・国家試験問題が加わって全面改訂！ 免疫学を学ぶすべての初学者のための1冊。

休み時間の薬理学 第3版
丸山 敬・著　A5・288頁・税込2,200円

感染症治療薬を中心に、抗癌薬、便秘治療薬、糖尿病治療薬など新しい知見を追加しパワーアップ！ やさしい文章とたっぷりの図で、はじめて学ぶ人でも大丈夫。薬が身近に感じます。

休み時間の感染症学
齋藤 紀先・著　A5・288頁・税込2,420円

感染症学のエッセンスをまとめたサブテキスト。写真・イラストをカラーで豊富に掲載。重要語句を赤・緑・青・紫など内容ごとに色付けしているのでわかりやすい。付録の国試問題演習200問で国試対策もばっちり。

休み時間の微生物学 第2版
北元 憲利・著　A5・221頁・税込2,420円

フルカラーでパワーアップ！ 微生物の写真も図版も、さらに見やすく・わかりやすくなった。新規掲載も豊富にそろえ、微生物学を学ぶ全ての学生に学んでほしい1冊。抗生物質、微生物の歴史など新Stageも登場。

休み時間の細胞生物学 第2版
坪井 貴司・著　A5・192頁・税込2,420円

全学生に知ってほしい細胞のしくみを全64項目に凝縮。複雑な細胞の情報伝達や細胞周期のしくみも、フルカラーイラストと充実した章末問題でよく分かる！ 医学、薬学、工学、農学などのさまざまな分野に活かせる1冊！

休み時間の生化学
大西 正健・著　A5・190頁・税込2,420円

10分単位で完全マスター、使える生化学。エネルギーと代謝に注目して生命現象をみていきましょう。糖質・脂質・タンパク質etc、物質はいつも体のなかをめぐっています。

休み時間の解剖生理学
加藤 征治・著　A5・255頁・税込2,420円

骨格、筋肉、神経、内臓etc。覚えることだらけの解剖生理学。10分集中して解剖と生理を関連させた95の基本事項の要点を1項目ずつマスターしよう。巻末の練習問題を解けば理解度もチェックできる。

講談社サイエンティフィク　https://www.kspub.co.jp/　「2024年6月現在」